環境技術者の視点

ENVIRONMENT ENGINEER

生産者・ユーザーがともに考える40話

上野　潔
KIYOSHI UENO

技報堂出版

はじめに

「塩ビ工業・環境協会」の『メールマガジン』に２００７年から２０１０年にかけて毎月約1回のペースで「随想」を掲載してきました。いつの間にか3年経過しましたので、この機会にこれをまとめて出版してはとの声をいただきました。そこで若干加筆修正し、図や写真を追加して『環境技術者の視点』と改めて1冊の本にしました。各項は独立して掲載されましたので、中には重複した部分や表現があると思いますがご容赦ください。

筆者は、１９７０年から３６年間民間会社に在籍しました。その間に防衛機器や人工衛星、宇宙機器の設計開発に従事し、その後、環境部門に籍を移し、設計経験を活かした環境技術者として家電リサイクルや環境適合設計の分野を担当しました。２００４年から国際連合大学副学長の安井至先生が主催された「鳥瞰型環境学エキスパート養成ＵＮＵサマースクール」を受講するために、全国から集った大学院生のお世話をいたしました。２００６年からは国際連合大学で『環境と持続可能な開発プログラム』を担当し、世界に広がる電子ゴミ（E-waste）の調査研究を行いました。その後も各大学・大学院で環境に関わる講義を続けていますが、２００９年から(独) 科学技術振興機構 研究開発戦略センターに異動し、環境分野の研究開発戦略の立案支援業務にも携わっています。

残念ながら、環境には科学とは言えない部分があります。同じデータでも、時代、国・地域、所属する組織によって異なる解釈が成り立つからです。本書は、時々の環境に関する話題を取り上げ、所属機関とは関係なく筆者個人の意見を述べたものです。対象読者としましては広く一般の方々を考えていますが、環境に関わるビジネスパーソンや政策立案に関わる行政官にも読んでいただきたいと願っています。特に技術者は、時には所属する組織を離れてみることが必要です。安井先生の鳥瞰型環境学では「深い専門性と同時に、時には高い空から見る視点」の重要性を教えています。

項目の中には、一見しますと環境とは直接関係がないと思われる内容もありますが、それこそ鳥瞰的に見ますと、実はすべて環境に関連するのです。本書からその視点を読み取っていただければと思います。

1項以外には塩ビに関わる記述はほとんどありません。それにもかかわらず長年にわたって掲載していただきました「塩ビ工業・環境協会」のご好意に、心から感謝いたします。なお、各項目タイトル下の期日は、メールマガジンの掲載日です。

2010年9月

上野　潔

目　次

プロローグ　環境へのイントロダクション

読者の皆さんは環境に関心が高いと思うのですが、現代人にとっての環境問題はいつ始まったのでしょうか。

１９７２年にローマクラブから『成長の限界』が報告された時から、１９８７年にフロンを規制したモントリオール議定書が発効した時から、１９７０年の自動車排ガス規制のアメリカにおけるマスキー法成立時からなど、いろいろなことを思い浮かべる人がいます。

１９９２年にリオデジャネイロで第１回目の「地球サミット」が開かれました。筆者はこれが環境問題をベースにした環境規制の原点だと考えています。このサミットの正式名称は、「環境と開発に関する国際連合会議」です。２回目の地球サミットは、２００２年にヨハネスブルグで開かれた「持続可能な開発に関する世界首脳会議」です。

サミットには各国のトップが集まります。リオデジャネイロには１２１ヵ国から首脳が集まりました。首脳とは、大統領とか首相など国を代表する人々です。

筆者は学生に話をする時、次のような質問をします。「１９９２年、その時、あなたはいくつでしたか？」。「小学生でした」という答がほとんどです。皆さんは１９９２年当時、ご自分が何をしていたか覚えておられるでしょうか。その当時、たぶん環境の「か」の字にも関心がなかったのではないでしょうか。日本の総理大臣は、宮沢喜一さんでした。このサミットには出席していません。当時のアメリカ大統領は、パパ・ブッシュ（第４１代大統領）です。ブッシュ前大統領（第４３代大統領）のお父さんです。その間が民主党のクリントン大統領（第４２代大統領）でした。パパ・ブッシュ時代の１９９２年の地球サミットを契機に、あらゆる環境規制の原点がスタートしているのです。

図を眺めますと、ＥＵの旗が目立ちます。もうひとつ多いのが日本の旗です。個々の事項については説明しませんが、やはりＥＵは理念の国であるということがわかります。ＥＵは環境に関するいろいろな理念あるいは哲学を発信しました。法規制にするまでには長い時間がかかっています。ＥＵは指令を発信しても、法律はＥＵ域内各国でそれぞれが作りますから、なかなか実行されないのです。それに対して日本は、環境問題のほとんどすべてを実務で対応していったのです。

ひとつの例を挙げますと、電気電子製品のリサイクルです。日本の大型家電製品は、法律でリサイクルすることが義務づけられています。ＥＵでは１９９８年に電気電子製品のリサイクルについての原案ができました。これが「欧州電気電子機器の廃棄に関する指令」[ＷＥＥＥ指令（Waste Electrical and Electronic Equipment Directive)] です。日本では「ダブリュー・トリプル・イー」という人もいますが、欧州では「ウイー」と呼びます。しかしこれはあくまで原案、理念でした。それに対して日本は、１９９８年に当時の通産省の補助金を受けて、普段は競争している家電業界が、共同で総額５０億円をかけて４年がかりでリサイクル実証プラントを建

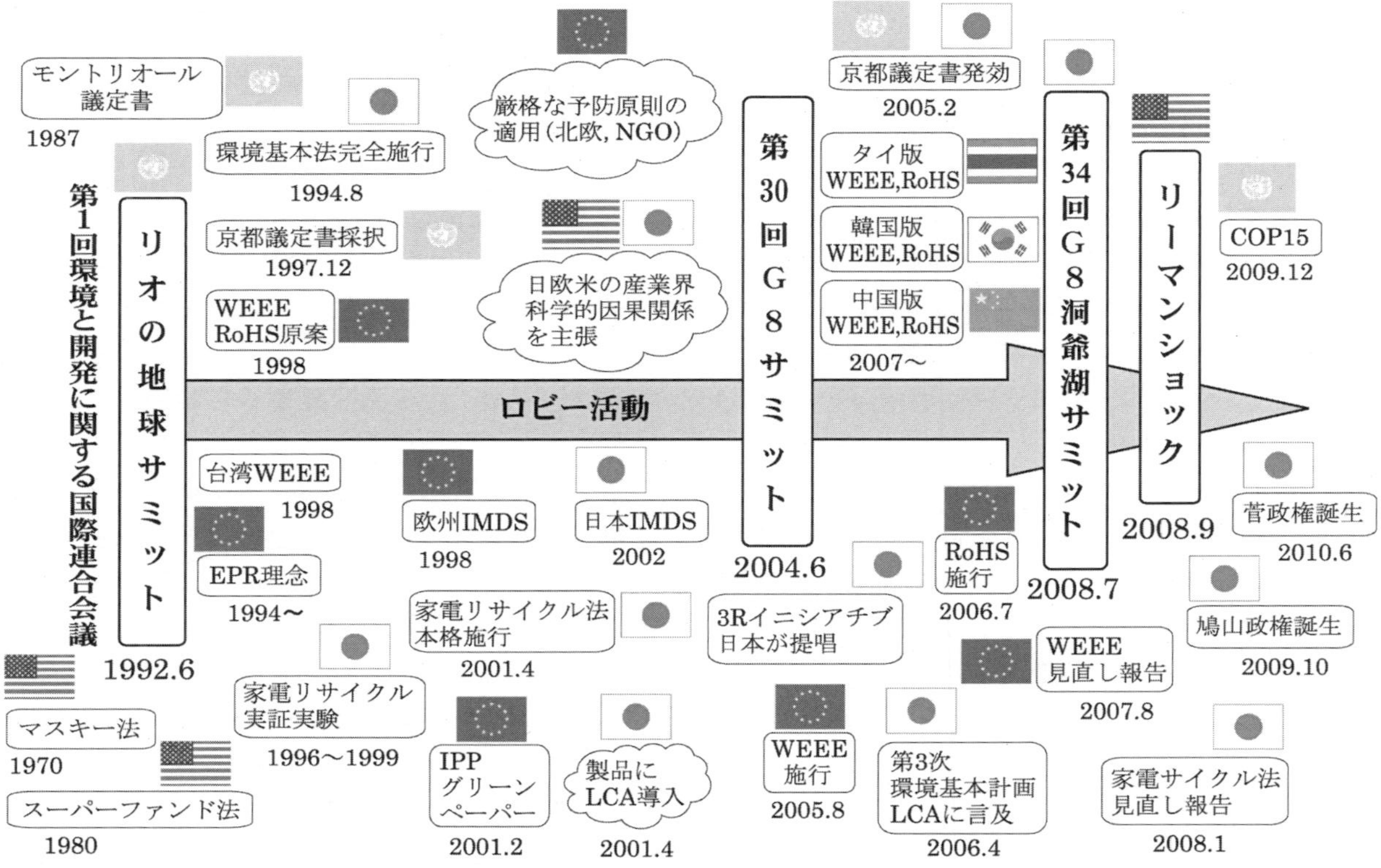

*WEEE : Waste Electrical and Electronics Equipment　*IPP : Integrated Product Policy

環境問題の鳥瞰的な流れ

設し、公開実験までしてしまったのです。それが完了したのがなんと１９９９年です。他にもいろいろな日本の旗が立っています。理念ではなく、手足を動かす実務で日本は世界をリードしてきたのです。

海外でもこの図を使って話をします。例えば、タイで話した時には、「申し訳ありません、この中にタイの国旗が１つしかありません」と言います。「理由は簡単で、私が日本人だからタイのことを詳しく知らないからです。タイの皆さん、地球サミットが開催された１９９２年から今日まで、タイで環境に関するどんなイベントがありましたか。それを是非この図の中に埋めてください」と言って、作業してもらいます。そうすると、その国の環境への対応と位置づけがわかります。

そういう意味で、この図を読者の皆さんの会社や組織にお持ちいただいて、１９９２年から今日までどんなイベントがあったかを書き込んでみますと、客観的な位置づけがわかります。もちろん同業他社のことも必要です。社長が交代した、製品のトラブルがあった、新製品が出て大幅に儲かった、初めて環境報告書を出した、環境部門が創設されたなど。どんなことでもかまいませんので、埋めてみてください。そうしますと、ああそうか、自社の環境に対する位置づけはこうだったのかなあ、ということがわかると思います。トレンドを比較しながら見ることの面白さがわかります。

1　塩ビ復権と組立て産業

２００７年２月１日

嵐のように吹き荒れた「塩ビＮｏキャンペーン」による塩ビ忌避運動がようやく科学の力で鎮まったように思います。もちろん、塩ビ業界の努力が大きかったことが最大の原因でしょう。しかし長年、組立て産業界に身を置いた技術者として考えますと、まだまだ道は険しいと思います。それは、組立て産業の顧客は「一般消費者」であり、「一般消費者」はマスコミ情報や風評に影響されることが大きいからです。どんなに科学的な説明ができても、「消費者が嫌がる製品」は製造販売できないという、当たり前の事実があるのです。

Ｗｅｂで公開されている日本の有名なＮＰＯの製品データベースは、いまだに「塩ビの使用箇所」の項目が特出しにされています。幸い各社とも「あり」と記載していますが、どう見ても「有害物質」の扱いです。消費者の希望する情報を提供するのがこのＮＰＯの姿勢ですから当然ともいえますが、この情報の真意を消費者は理解しているのでしょうか。まことに残念です。消費者を啓発することも科学的なＮＰＯの大きな役割なのです。

多くの組立て産業界もいまだに公式の環境行動計画の中で「塩ビ削減」「塩ビ追放」などの用語を使用し、環境報告書などで公表しています。塩ビ削減や塩ビを使用しないことを売り物にしている自動車やテレビがあります。環境を標榜し、有名タレントを使用する世界企業ほどそういう傾向があることは嘆かわしいことです。冷蔵庫のドアパッキンや電源コード、配線材料などでは、塩ビを超える性能とコストを持つ材料はなかなか見つかりません。消費者の目を恐れてひっそりと使用するのではなく、堂々と使用することが必要ではないでしょうか。

環境省本部も塩ビサッシ導入

リサイクルプラントで回収される冷蔵庫の塩ビパッキン

本当は、「塩ビは環境に良い素材なので積極的に使用するが、他のプラスチックと混在しないよう明確な表示と易分解性設計をいっそう進めます」などの先進的な取組みと広報が必要です。

欧州では盛んに塩ビが使用されていることを知らせることも必要です。フランス製ブランド品のハンドバッグも塩ビ製です。

ただし、塩ビ業界も安心してはいけません。これまで以上に分別回収や適正な処理条件についての啓発と情報公開の努力が必要です。素材産業は、直接には消費者と接していませんが、顧客である組立て産業は、日夜必死で消費者獲得競争をしていることを忘れてはいけません。

一時期広がった発泡スチロールに対する使用忌避運動に対する発泡スチロール業界の啓発活動とリサイクルに関する努力を、これからも謙虚に見習う必要があります。発泡スチロール業界は、全国に回収拠点「エプシープラザ」を設け、さらに使用済みとなった発泡スチロールを、自国の生産品ではないからといって放置しては環境問題が解決しないとして、日本、アメリカ、ドイツ、オーストリアの4ヵ国で「加盟国は輸入された発泡スチロール包装材を国産品と同様にリサイクルする」ことを趣旨とする『国際リサイクル協定』を1992年に締結しています。

実はもう一つ心配な点があります。いったん起きた日本の塩ビ忌避の動きが、アジアを中心に飛び火したまま根づいていることです。「塩ビは燃えると、猛毒のダイオキシンが出ることが判明したから」との声が、アジアの環境学者から聞こえるのです。それも日本から環境問題を学んだ善意のグループや、日本の過去の著作物を読んだ学者に多いのです。環境に限らず一度広まった情報は、なかなか訂正されません。

思い込んだ人々はそれが信念になり、容易に行動を変えません。塩ビ業界は科学的なデータを総動員して、アジアの環境学者や地域のリーダーに対して啓発活動を進める必要があります。日本に招く、現地を訪問する、英文メルマガを発信する、などいろいろな方法が浮かびます。その意味でも、2006年3月に韓国塩ビ環境協会（略称KOVEC）が設立されたことは大変喜ばしいことです。日本と並ぶアジアの先進国で、ＯＥＣＤ加盟国でもある韓国は、電気電子・自動車などの組立て産業で日本の強力なライバルでもありますが、塩ビに関して環境学者、行政への働きかけは重要です。日本の塩ビ工業環境協会（ＶＥＣ）の活動が、アジア諸国に対してもっともっと向けられることを希望します。

2　価格破壊と産業破壊

価格破壊が環境を壊す？

２００７年２月２２日

企業人も自宅に帰れば一人の消費者です。ですから、少しでも価格が安いことは歓迎です。昔からよく言われるのが、家電製品の修理費用が高いことです。ビデオデッキなどは、修理すると２万円、新品を買うと１万円で買えると言われます。そう思っている人に筆者はこう言います。「修理する人はあなたのお父さんやご主人かもしれませんよ」「引き取って修理して配達すれば、その人件費だけでも当然そのくらいはかかりますね。しかも修理の技術には専門知識と資格が要るのですよ」「美容室に行けばカット、パーマ、洗髪、カラーリング、美顔術で３時間かけて２万円払うでしょう」。これでたいていは納得してもらえますが、「でも修理は高い……すぐ新品を買わせようとする」というのが正直な感想でしょう。

本当は、修理費用が高いのではなく製品価格が安すぎるのですが、そんな説明は通用しません。自動車の修理費用に対する不満が少ないのは、保険が普及していることもありますが、やはり新車の価格が高いことに理由があります。300万円の車のドアが凹めば30万円くらいは当然と思いますが、保険を使えば1万円程度で済むのです。

すべての製品が日本国内で組み立てられていれば、電気製品の価格は今の10倍くらいになることでしょう。日本は、海外の安い労働力で組み立てた製品を輸入し、購入しているのです。そんな経験をアメリカはとっくに味わってきました。通常、修理費用は高くて納期は遅いものです（いや、アメリカの修理費は安いという在米経験者がおられるかもしれませんが、アメリカの人件費は意外に安いのです）。

実は、同じことがリサイクルプラントでもこれから起ころうとしています。当然ながら、リサイクルプラントは、自国で廃棄された使用済み製品をリサイクルします（まさか、「組立てが海外だからリサイクルも海外で」なんて言わないでしょうね）。

優れたリサイクルプラントでは、手解体工程が重視されます。環境先進国といわれる欧州のリサイクルプラントは、機械破砕と自動選別が主体です。人手を掛けないということ以上に、多くの国から成り立つEU（2007年から27ヵ国）は、製品の種類も多く、分解しにくく、製品ごと、企業ごとにリサイクルを評価することが困難だからなのです。

90種類を超える電気電子製品を対象にして、社会コストミニマムを考えたEUのリサイクル方式では、環境配慮設計（DfE）などのメーカー個別のインセンティブは働かないのです。日本の家電リサイクルでは、企業ごと、製品ごとのリサイクル指標が毎年公表されています。

10年後を目指して、日本の企業は製品の易分解性設計（DfD）や、環境負荷低減のためにプラスチックの素材自己循環（Closed-loop Recycling）を実現しつつあります。

このようなシステムに対して、「コストを安くしろ……」と要求すれば、答は簡単です。日本企業が従来から最も得意としてきた「安く、速く、大量に」の思想でリサイクルの人手を減らし、「自動化まっしぐら」しか方法はありません。これから定年が延長され、多くの企業で65歳まで人々は働けるようになります。将来は、海外からもっと多くの労働者が日本に来るようになるでしょう。家電リサイクルプラントでは、既に2300名を超える直接の新規雇用が生まれています。恐らくプラント周辺の間接雇用や技術開発に関わる研究者を入れると、その数倍の雇用が発生していることでしょう。

民間企業ですから効率をより一層上げることは当然のことですが、日本が世界に誇るリサイクルプラントは、熟練した労働者の手による手解体が主流になってよいのではないかと考えています。

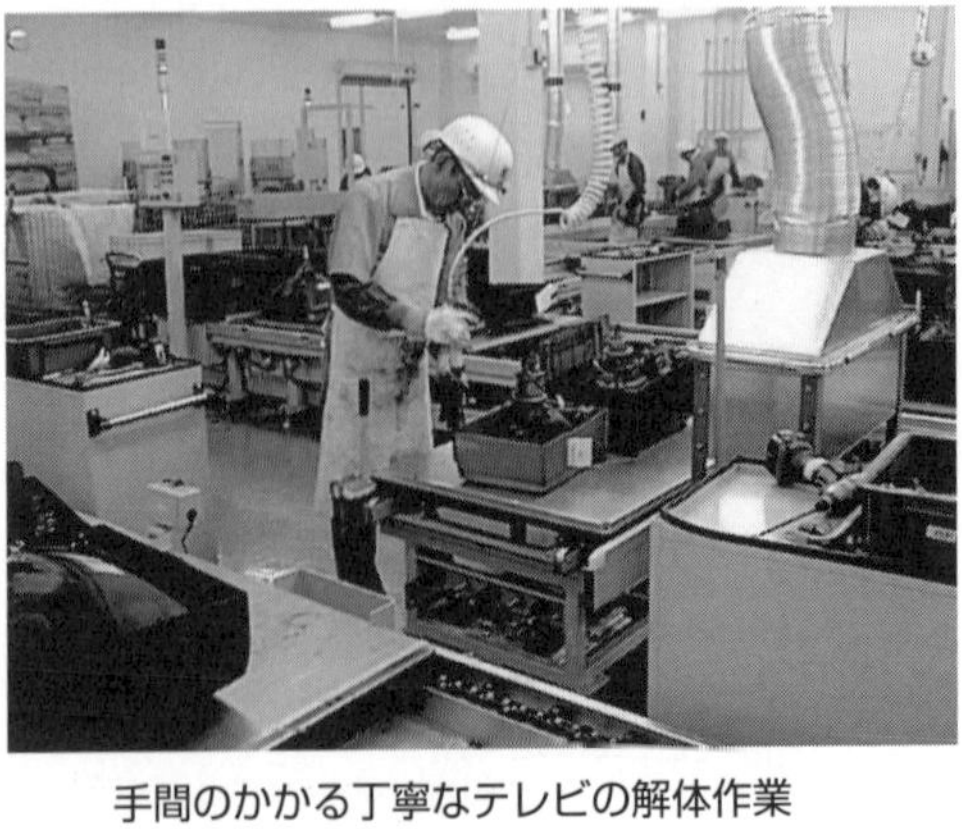
手間のかかる丁寧なテレビの解体作業

新製品を購入する時、人手を要する使用済み製品のリサイクルには、多少の費用を払うことに理解をしてもいいのではないでしょうか。

塩ビ業界などのプロセス産業の皆さんとは一味異なる価格感だと思いますが、ぜひ感想をお聞きしたいものです。

3　ネガティブ情報を評価しよう

2007年3月29日

アメリカ航空宇宙局（NASA）では、不具合報告（専門用語でMR制度と言います）の多い会社を信用しています。物を製造する以上は不具合が発生することは当たり前で、小さな不具合でも公開して、是正措置がとられていることを重視しているのです。「不具合ゼロ」なんていう会社の製品は、危なくて採用できないのです。

多くの会社が毎年出している環境報告書に、「当社は環境に関する事故、違法行為は1件もありませんでした」という会社があります。他方で少し引用が長くなりますが、「企業の環境対応の度合いを表す一つは、罰金と過料です。2002年、当社の罰金は1件で、840ドルを納めました。これは当社から遠く離れた海外で、当社の社名が記された無害の事業廃棄物が発見されたことによるものです。過去5年間に当社は環境に関して12件の罰金を科せられており、その総額は147796ドルとなっています。違法ではありませんが、事故寸前の事件が

３件あり対策を採りました。これは社内の告発により発見されたものです」という環境報告書を出す会社もあります。こんな報告書を読んで、あなたはどんな感想を持たれますか。現実にこんな報告書を出す会社がアメリカにはあるのです。

しかし、日本では、マスコミがこの会社を「危ない会社」として報道し、多くの消費者はこの会社の製品を買い控えるのではないでしょうか。この会社の友人に聞いたら、「当たり前でしょう。環境報告書はステークホルダーのために出しているのですから」との回答でした。こういう会社の製品なら安心して買えるでしょうし、安心して株式投資もできるでしょう。「不良のない会社」は、「怪しい」と判断するのが科学的な態度です。残念ながら日本では、大きな国家プロジェクトなどで失敗すると、「血税消える　責任の所在は！」などと報道され、トップが辞任して一件落着のスタイルが多いようです。

「技術者倫理」という学問ジャンルがあります。放送大学の札野講師（金沢工大教授）の講義では、アメリカの「スペースシャトル　チャレンジャー事故」（直接原因は低温時の密封用シール部品であるオーリングの不具合にあるが、実際は巨大技術に対する時の対応の欠陥が致命的だったとされる）や、「５９階建てのシティーコープビル事件」（横風の考慮を誤り、強いハリケーンでビルが倒れることがわかり、完成後に補強工事を実施）など多くの事例に対する技術者の対応が語られています。１９４０年の「タコマ橋の事故」（横風に誘発された自励振動による崩壊）については、筆者も４０年前に大学で学び、今でも鮮明に覚えています。

大切なことは、事故に対する技術者の対応が「倫理的」であれば評価され、再チャレンジが認められていることです。残念ながら日本のマスコミあるいは政治行政は、「事故」に対して「トップの辞任」や「発注指名の停止」などの「厳しい対応?」しか知らないようです。本当につらく厳しい対応は、「もう一回やってみろ。もちろん金は払う」と世間から言われた時ではないでしょうか。

それに対して、「技術者（経営者）が真相を隠蔽しようとするからだ」との意見と、「世論やマスコミの反応を考えると怖くて公開できない」との意見があります。もちろん社会の成熟などという前に、まず「公開すること」が結局は信頼と顧客を獲得することにつながることは自明です。

これは環境情報についても同様だと思います。環境に関するたくさんの忌避運動があります。「フロン、炭酸ガス、塩ビ、鉛、水銀、臭素系難燃剤、ダイオキシン、環境ホルモン、……」、忌避運動が「糾弾」「責任追及」「信念」、そして「忘却」に終わるのではなく、真実を科学的に追究し、結果を訂正し、そのことを尊重する姿勢が大切なのです。ネガティブ情報がもっともっと評価される社会になることを強く願っています。

4 化学物質規制が世界を変える

２００７年４月５日

欧州のＲｏＨＳ指令［電気電子機器に含まれる特定有害物質の使用制限に関する欧州議会及び理事会指令（Restriction of the use of certain Hazardous Substances）］が２００６年７月から始まっています。鉛、カドミウム、水銀、六価クロム、ＰＢＢ（ポリ臭化ビフェニール）、ＰＢＤＥ（ポリ臭化ジフェニルエーテル）の製品への使用が禁止されているのです。同時期に日本も、Ｊ-Ｍｏｓｓ（The marking for presence of the specific chemical substances for electrical and electronic equipment）を作成し、資源有効利用促進法（３Ｒ法）で適用を開始しました。電気電子機器の特定の化学物質の含有表示方法（ＪＩＳ Ｃ ０９５０）がそれです。中国版のＲｏＨＳ、韓国版のＲｏＨＳ、アメリカ各州のＲｏＨＳなど世界中に同種の化学物質規制が広がっています。

グローバル化した経済システムの中では、ある巨大な経済圏が規制を実施すれば、たちまち世界中に同じ規制が広まってしまうのです。しかし、その規制もよくよく眺めると、自国の産業が達成できないものは、都合よく「適用除外」になっています。中国版ＲｏＨＳについては、中国企業が欧州でビジネス機会を失わないように策定していると、中国指導層は明言しています。

しかし、皮肉なことに一番あわてているのが欧州という話もあります。ＥＵ勢の思惑にもか

欧州 RoHS 指令の内容

RoHS 対象物質	材料の均質な範囲の最大許容濃度
鉛、水銀、六価クロム、臭素系難燃剤(PBB、PBDE)	0.1% wt(1,000ppm)
カドミウム	0.01wt% (100ppm)

* 医療用機器等は除外　　* 代替がないと，認められたものは除外

＊ Restriction of the use of the certain Hazardous Substances in Electrical and Electronic Equipment

かかわらず、こんなに短期間に化学物質規制に対応できたのは、恐らく日本の電気電子産業界だけではないでしょうか。

環境という、誰もが反対しにくい「大義名分」を掲げながら、欧州も中国も、そしてアメリカも実はしたたかな国家戦略があるのです。日本ではあれだけ大騒ぎをして「塩ビＮｏ」と言ったにもかかわらず、環境先進国の欧州で「塩ビ」が全面的に使用禁止になったという話は聞いたことがありません。

しかし、欧州ＲｏＨＳ指令のおかげで日本の組立て産業は大きな進歩を遂げました。それは化学物質管理に企業全体が本気で関わるようになったことです。素材部品調達のサプライチェーン管理、工場の検査部門、出荷先の倉庫管理、廃棄段階の情報開示まで含まれます。まさに本格的なＬＣＡ (Life Cycle Assessment) の考えで製品設計をせざるを得なくなったからです。

鉛フリーはんだでは、既に枯れた技術として見向きもしなかったはんだ技術の根本的な見直しが生産技術部門でされました。受入れ検査部門には化学物質分析の機器導入だけでなく、分析の教育や専門家も配置されるようになりました。万一不可抗力で規制物質が検出された時に備えた「トレーサビリティー管理」や「回

収方法」も準備されるようになりました。そして、「知りませんでした」「相手が教えてくれないのです」「中小企業なのでやっていません」「……」、これらの言い訳は通用しなくなったということです。すべて最終の組立て製品を上市（市場に出荷）したブランド会社の責任が問われるのです。

今では、素材産業にも部品産業にも納入品の化学物質管理が求められるようになりました。化学物質の検査は目に見えない世界です。「不使用証明書」を信じて100万台の製品を廃棄するリスクは取れなくなりました。「立会い検査」「抜取り検査」「全数受入れ検査」が素材、素形材、部品、いろいろなレベルで実施されるようになりました。

しかし、個別企業での対応には限界もあります。川上、川中、川下とそれぞれの範囲で情報の共有化が図られようとしています。化学物質の検査のおかげで、当然ながら通常の品質管理レベルも向上しています。素材メーカー、部品メーカーとの良い意味での緊張関係は、相互交流や提携にも発展しています。結果的に粗悪品メーカーは存続できなくなります。一時的に懸念された途上国製の部品も、再び信頼を取り戻すでしょう。

化学物質規制が環境にどのくらい貢献したのかは不明ですが、製品の品質向上には間違いなく貢献していると思います。

５　製造文化の闘い

欧州ＷＥＥＥの見直しが始まる

２００７年５月１７日

言葉が過激かもしれませんが、２００７年から将来にかけて欧州と日本（アジア）の製造文化の闘いが始まる予感がします。

１９９２年の地球サミット以来、環境分野で日本は多くのことを欧州から学んできました。予防原則の考え方や拡大生産者責任［ＥＰＲ（Extended Producer Responsibility）］の考え方など欧州から発信された理念を、日本は世界に先駆けて具体的な法令や自主規制に適用してきました。電気電子業界では、冷蔵庫の断熱材・フロンの回収方法やテレビ用ＣＲＴのＰ／Ｆ（パネル・ファンネル）分割法などのリサイクル技術についても、欧州からたくさんの知見を得てきたのです。今では資源有効利用促進法（３Ｒ法）によって、きめ細かな環境適合設計（ＤｆＥ）が多くの組立て産業分野に普及しています。

昔から欧州は理念先行型で、実行するのは日本とも言われてきました。たしかに欧州電気電子機器の廃棄に関する指令［ＷＥＥＥ指令（Waste Electrical and Electronic Equipment Directive）］は、１９９６年頃から議論ばかりしていて、２００５年の８月１３日からようやく施行の運びとなりました。日本の家電リサイクル法は２００１年に施行され、５年目を経過して既に見直し議論が開始されているのです。

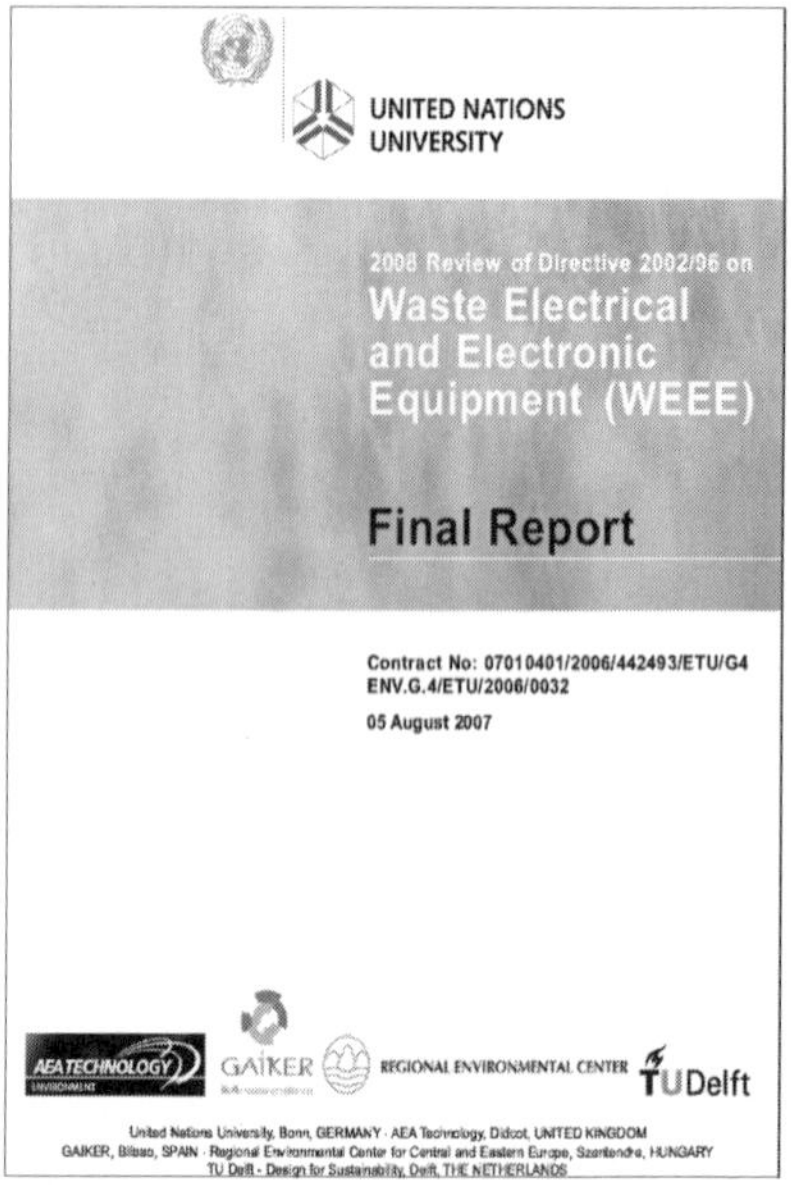
UNITED NATIONS
UNIVERSITY

2008 Review of Directive 2002/96 on
Waste Electrical
and Electronic
Equipment (WEEE)

Final Report

Contract No: 07010401/2006/442493/ETU/G4
ENV.G.4/ETU/2006/0032

05 August 2007

United Nations University, Bonn, GERMANY · AEA Technology, Didcot, UNITED KINGDOM
GAIKER, Bilbao, SPAIN · Regional Environmental Center for Central and Eastern Europe, Szentendre, HUNGARY
TU Delft - Design for Sustainability, Delft, THE NETHERLANDS

Quote:2008Review of Directive 2002/96 on WEEE Final Report by UNU
欧州 WEEE 指令の見直し報告書（国際連合大学 2007 年）

欧州においてＷＥＥＥ指令を実際の国内法とした国々が出始めたのは最近のことであり、その運用となるとさらに課題が噴出しているといわれています。これは決して欧州を非難しているのではありません。今では加盟国が２７になり、格差の大きいＥＵを統一された一つの仕組でまとめることは、想像を絶する困難さがあるのだと思います。

２００７年３月１５日に、欧州ブリュッセルでＷＥＥＥ指令見直しに関する専門家ワークショップが開催されました。なんと、欧州ＷＥＥＥ指令が発行されて１年半も経ていないのです。この見直し作業には多数の欧州国際連合大学のメンバーが関わっています。

見直し作業の中で、筆者が最も注目するテーマはリユースとリサイクルです。欧州は、元来が資源大国なのです。あまり話題になりませんが、北海油田を持つイギリス、ノルウェーだけでなく、デンマークも北海油田開発に着手しています。また音楽と観光だけの国と思われている美しい小国オーストリアも産油国で資源大国なのです。欧州のかつての植民地は資源豊富

(資源豊富な所を植民地にしたから当然なのですが) でありましたし、今でも多くの旧植民地と良好な関係を維持しています。このような国柄の欧州が考えるコストミニマムな廃棄物対策は、資源回収よりも有害化学物質への対策に向かうことになり、電気電子製品を対象とするRoHS指令や、全ての産業を対象とするREACH規制など化学物質への対応に重点が置かれます。他方、わが日本は根本的に資源小国です。ABCD包囲網などの古い言葉は忘れても、1970年代の石油ショックのことは三〇代、四〇代の人なら覚えているでしょうし、最近の鉄、銅などの基幹素材の異常な値上がりや、ロジウム、インジウムなどへの投機による潜在的な需要の危機感については認識されているでしょう。

このような日本の国情やこまやかな勤勉さは、家電リサイクル法でも脈々と生きており、手分解や高度分別技術による素材回収や素材自己循環などの、世界でも稀に見る技術を生み出しています。しかしながら、昨今の家電リサイクル法の見直しでは、欧州の動きを見た世界戦略的な議論よりも、「処理料金の前払いか、後払いか」「処理料金の内訳公表」などの、いわば枝葉末節の部分に議論の焦点が当てられていると感じます。

欧州WEEE指令見直しの論点は2009年の秋頃に集約され、いつもながらのロビー活動を経て、2010年頃に全面的に改定される見込みといわれています。項目ごとに徹底したファクトファインディングが求められています。日本でも話題になっている「リユース名目の見えない流れ」については、欧州でもデータが無い状況で、電子ゴミ (E-waste: Electronics Waste) の原因とされていますが、リユース促進とWEEEとはフレームを分けるべきとの意見も出ているようです。そして、より大きな論点が「リサイクル配慮設計よりも、コスト効率的な破砕選別技術を重視」する考えです。有害化学物質の事前分別に重点を置いた資源回収方式は、破砕機による分別技術に頼らざるを得ず、処理コストは下がったとしてもレアアースなどの希少資源の回収は困難です。せっかく環境適合設計（ＤｆＥ）で分離分解性の良い製品を作っても、製品全体を破砕してしまうのでは、ＤｆＥへのインセンティブは働かなくなるでしょう。

手分解工程を多くした環境配慮製品の処理には、人件費がかかります。リサイクルを人件費の安い途上国に委ねることは、道理に反するでしょう。処理費用を消費者に求める以上（前払い、後払いに関係なく）、処理費用の少ない処理方法にすることは避けられないかもしれません。欧州方式の優位性はそこにあります。

しかし、これではせっかく日本が優位に立っているきめ細かいＤｆＥの手法から離れ、単に

リサイクルプラントで実習する開発技術者
（世界で日本だけが実施している）
写真提供：（株）ハイパーサイクルシステムズ

有害化学物質を削減さえすればよいという流れを促進することになりかねません。有害化学物質の管理は当然ですが、その分離分別も含めた日本のＤｆＥ文化のすばらしさをこそ、世界に認知させたいものです。しかし、この分野で再び日本は世界の少数派になろうとしています。そのためにこそ、今、アジアを中心にＤｆＥの考え方を広めていきたい所以でもあるのです。

これから数年間、リサイクル技術を学んだ欧州との「製造文化の闘い」が始まろうとしています。様々な技術を開発し、素材の再利用を促進してきた塩ビ業界は、「プラスチックは分別せずに燃してしまえ」などの、乱暴な意見は言わないでしょう。精緻なＤｆＥによる易分解性設計（ＤｆＤ：Design for Disassembly）こそ、塩ビの消費をますます世界に広める手段だと考えます。

6　一流の技術者とは？

２００７年７月５日

昔は、一流の会社には一流の技術者が集まりました。一流会社に入ることに学生は憧れ、大学や高校も多数の卒業者を一流会社へ送り出すことを誇りにしました。すべて過去形で書いたのは、最近とても科学的とは思えない広告宣伝を一流会社が実施し始め、とても恥ずかしい製品を一流といわれた会社が製造し始めたことです。残念ながら、環境と健康の分野にそれが目立つような気がします。そのような製品は、「安井至の市民のための環境学ガイド」（http://www.yasuienv.net/MinusIon2End.htm など）」に時々紹介されているのをご存知でしょう。

一流の会社には、効果の疑わしい現象には疑問を持つ技術者がいて、試作はしても売り出すのを止める管理者がいて、売れさえすればよいとする宣伝を許可しない経営者がいたものです。「恥ずかしい」という気持ちを上から下まで持っていたのでしょう。

環境も健康も科学的な因果関係がはっきりするのには、時間と労力がかかります。地球温暖化も、オゾンホールの拡大も、危険物や発ガン性物質の特定も、科学的な検証には費用と専門知識が必要です。そこから生まれた「疑わしいものは因果関係がはっきりしなくても排除しよう」という予防原則の考え方も、本来の原則とは異なるいかがわしい健康食品や健康器具、環境製品がつけ入る余地を生んでしまったようです。昔は、そういう製品には一流会社は関わりませんでしたし、そういうものに騙される人々は笑われて、騙された方が恥ずかしい思いをしたものです。

「省エネ製品」「小型軽量化」「リサイクルしやすい製品」が求められることは当然ですし、「資源の無駄遣いをやめる設計」は言うまでもなく普遍的に必要なことです。しかし最近は、一流と言われた企業が環境を考え、健康を考えたびっくりするような製品を売り出しています。そういうことを話題にした本がよく売れ、テレビや新聞も報道します。その効果は本当だろうかと疑問を持っても、受け入れられない雰囲気になったのでしょうか。

企業の存続には、「遵法」「同業他社との競争」「市場での勝利」の3点が必要であると筆者は主張しています。しかし、「法律に違反さえしなければ」「他社がやっているのだから」「市場で売れるのなら」という判断基準だけで行動してしまう企業トップと、それに従順に従う技術者が増えたのではないでしょうか。「そんなものは作ったら恥ずかしい」「そういう企業にいることが恥ずかしい」「世間に顔向けできない」「研究室や同窓会に顔を出せなくなる」などという発想がなくなってしまったようです。

野火のごとく広がる風評被害や、科学的な論拠のない忌避運動が起きた時、経営者や技術者は真実を追究して戦っているのでしょうか。「鉛フリーはんだは環境にいいから」「塩ビを使わないから環境に優しい」「新聞に書いてあるから正しい」「ＮＨＫで放送されたのだから」という雰囲気になっていないでしょうか。一流だった技術者諸君に早く目覚めてほしいものです。

7　不法投棄は犯罪

社会システムへの挑戦です

２００７年７月５日

リサイクルシステムを考える時、不法投棄に関する議論が昔からなされています。家電リサイクル法の施行状況に関して毎年公表されている環境省のデータを見る限り、使用済み家電製品の不法投棄が急増しているとは読み取れません。その量は毎年全廃棄台数のほぼ１・５％程度で、漸減もしくは一定というのが正しいようです。

しかし、家電製品の不法投棄の問題は、一般市民が夜陰にまぎれてゴミ集積所や河川敷・道路に投棄する点で、プロの不良廃棄物処理業者が行う大量かつ計画的な産業廃棄物の不法投棄とは性質が異なります。

最近気になっている論点があります。それは不法投棄が犯罪であることを忘れて、その原因を論ずる風潮があることです。ひと昔前、犯罪が起きると、犯罪者ではなくその社会的背景が重要だとの論議が流行ったことを思い出します。犯罪に「良い犯罪」「悪い犯罪」の区別はありませんが、不法投棄は、窃盗や詐欺などの犯罪と異なり、被害者が被害を受けたという意識を持ちにくい点できわめて悪質な犯罪です。

筆者は、不法投棄は「麻薬」や「贋金作り」と同じ種類の重罪だと考えています。どちらも、見かけ上は被害者がいなくて、じわじわと社会システムを破壊します。夜中にテレビやパソコンを道路や河川敷に捨てた人は、しばらくして「誰かが片づけた」のを見て「得した」と思い、一般市民も「やれやれ、きれいになった」と思うだけです。ほとんどの人が、片づける費用に自分の税金が使われたとは思いません。捨てた人は「罪を犯した」という意識がないまま忘れてしまうでしょう。

家電製品のように、リサイクル処理料金を排出時排出者負担にするから不法投棄が起こるのだとの主張がありますが、本当でしょうか。処理料金の支払い時期を変えるだけで、不法投棄がなくなるのなら簡単です。どのような因果関係があるのか、科学的なデータを基に欧州など先進国の事例も早急に調べる必要があります。ＥＵ２７ヵ国の中には、日本よりはるかに経済状況が遅れた国々もありますから、簡単ではありません。ここでは、どのようなシステムを採用しても、必ず発生する犯罪行為について考えてみたいと思います。

不法投棄はやむを得ない、完全には防ぎにくいし、ゼロにはできない行為であるから、処理費用は製品を作った「生産者」に負担させよう、との意見も一部の人々から出ています。しかし、不法投棄という「犯罪行為」の処理費用を生産者に拠出させることは、拡大生産者責任に基づく生産者の「処理責任の分担」や「企業の社会的責任」とは異なります。野焼きを防げないのでバーゼル条約で塩ビ廃棄物の越境は認められない、塩ビはそもそもなくすべき、という著名な国際的環境団体の主張と同じです。

生産者が不法投棄の処理費用を負担すれば、当然その費用は見えない形で「新製品に上乗せ」されます。ルールを守る善良な人々が、不法投棄をする「ずるい人」の処理費用を負担するのです。これは、税金で処理費用を負担することと一見似ていますが、実は根本的に異なります。

一般消費者は、購入した製品に「不法投棄の処理費用」が含まれている意識がありません。見えないお金には無関心になります。処理費用を生産者が負担することになれば、自治体は税金によって処理費用を負担する心配がなくなり、不法投棄対策に力を入れなくなります。罰則をいくら厳しくしても、自治体や一般市民が不法投棄に関心を向けなくなれば、警察も熱心には取り締まらなくなるでしょう。

こうして、一般の人々も「不法投棄は犯罪」との意識がなくなり、社会のルールは、「人が見ていなければ」破った方が得になります。万引きの蔓延と似ています。麻薬や贋金作りが知らない間に社会システムを破壊するのと似ています。

不法投棄は社会のルールを無視した犯罪行為ですから、人々がもっと怒ることが必要です。そして、不法投棄を見つけた市民は断固として通報することが必要なのです。自治体は不法投棄の処理費用が税金であることを現場でも広報し、「この費用に住民税をいくら使用しました」との実態を住民に公開することも必要です。ルールを守った人々の怒りが不法投棄をなくす一番の方法なのです。

8 DfDは誰のため？

2007年8月9日

3R (Reduce, Reuse, Recycle) の普及に伴って易分解性設計［DfD (Design for Disassembly)］の考え方が普及しています。DfDの進展は使用済みになった製品をリサイクルする時に有効であるだけでなく、最近はリユースのために部品やコンポーネントを取り出しやすい設計が良いとされているのです。

しかし、DfDには大きな前提があります。それは製品を分解するのは、リサイクルプラントの技術者や修理技術者などの専門家が作業するという点です。DfDは、一般消費者が作業するためではなく、プロのリサイクル作業者のためなのです。

皆さんは、冷蔵庫やテレビを自宅で分解したことがありますか。

５０年以上前は、故障した真空管式ラジオをはんだごてを使って修理すると尊敬されたものでした。部品を購入してラジオを組み立てるラジオ少年もいました（筆者の頃はゲル検トラ１：ゲルマニウム検波トランジスタ１石使用の携帯ラジオの時代でしたが、今の若い人にはこの意味がわかるかな）。

今では、修理技術者の資格を持った人でもプリント基板ごと交換します。その方が早くて簡単です。最新の薄型テレビのバックカバーを外して中を見たことはありますか（どうか勝手に開けないでください）。

製品はますます高度化し、他方で昔のように製品の原理や構造に詳しい人はいなくなりました。分離分解の容易な製品が、消費者などにはかえって危険である場合が多いのです。電気電子製品では、カバーをあけますと、「高電圧危険」というラベルが貼られたコンポーネントがあります。中には「分解しないでください」と書かれた注意ラベルがある場合もあります。

電気電子製品は、車と違い運転免許も不要で、老人から子供、体の不自由な人や外国人までが使用します。メンテナンスフリーで、少しでも寿命が長く性能が維持される製品が望まれます。リモコンの電池や掃除機の紙パック、プリンターのカートリッジなどを交換することはあっても、製品を分解することはないはずです。冷蔵庫やテレビのコンセントは、購入して設置した時から廃棄するまで、ほとんどの家庭が差し込んだままだと思います（時々コンセントを抜き、埃の除去などの掃除は必要なのですが）。

パソコンのＨＤＤ（ハードディスクドライブ）交換やメモリー増設程度は自分でする人が増えていますが、これは修理ではなく一般の人でも交換可能なように設計されているのです。

設計者は、製品の機能やコストに加えて、使用する人の安全を最優先して設計します。安全に関して細かく法規制で定められている部分もありますが、何よりも一番の安全は不適正修理が行えないようにすることです。高電圧がかかる部品や可燃ガスの制御回路を一般の人が分解修理をしますと、感電や火災、不測の事故などの原因となり、危険です。そのためには、部品を樹脂でモールドしたり、ねじ部分を隠したり、特殊なねじを使用したりします。これらはＤｆＤとは逆の発想です。

先日、ある専門職大学院の講座で、ＤｆＤの演習をしました。対象製品は計量器でした。実売価格は１０００円程度で、製造は中国ですが、設計は日本

隠しねじの位置が表示されている

易分解性設計（DfD）の事例（エアコンの隠しねじ位置の表示）
写真提供：（財）家電製品協会

の一流メーカーです。演習ですから、実際のリサイクルプラントとは異なり、徹底的に分解し受講生でグループ討議をして課題と改善案を抽出する演習です。他の部分は比較的簡単に分解できたのですが、どうしても標準工具では外せない部分がありました。堅固な板で守られ、トルクの強い六角穴付きボルトで取り付けられていました。それは計量器にとって心臓部のロードセル（荷重変換器）です。ここを消費者に触られ、不適正修理をされたら計量器としての信頼性がなくなるためでしょう。周辺は簡単に分解できても、心臓部は素人には分解できない設計になっているのです。簡単な製品でも設計者の苦心の気持ちが伝わります。

自動車は法令により運転する前に始業点検が義務づけられています。しかし、今はバッテリーも密閉され、メンテナンスフリーです。点火プラグやオイルエレメントも車検まで交換しなくて済みます。購入以来ボンネットを開けたことがない所有者も増えました。それにボンネットを開けてもどこにエンジンがあるのかわからないほどぎっしりと電装品やカバーに囲まれています。自動車は車体検査もあり、プロによっ

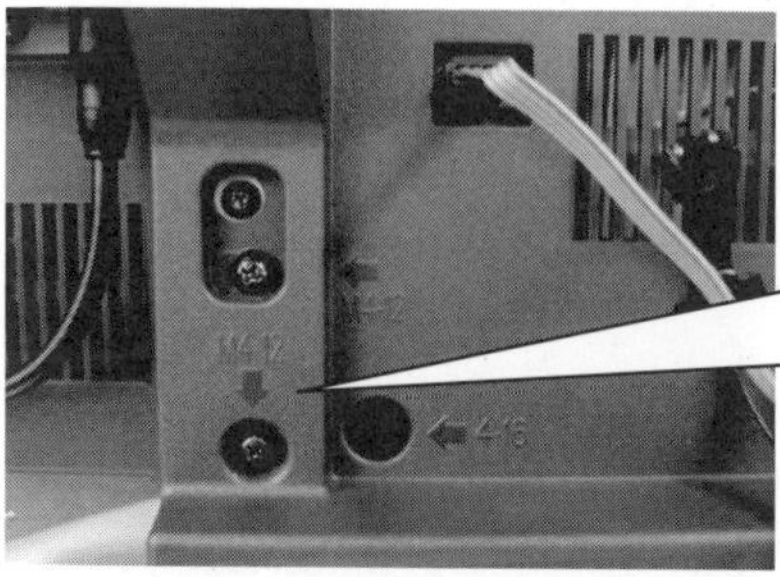
薄型テレビの背面にねじのサイズ、長さ、使用本数の表示がされている

易分解性設計（DfD）の事例（最新型国産薄型テレビの背面）
写真提供：（財）家電製品協会

てメンテナンスされているためか、設計者はＤｆＤには少し異なる対応をしているようです。

使用済み製品がプロのリサイクル処理部門に渡った時は、どこにねじがあるかわかる方が良いし、特殊工具ではなく、標準工具で分解できる方が便利です。プラスチックの材質表示マークも重要です。今後は高価なレアメタルや、破砕すると回収が困難な磁性部品などにも特別なマークが要求されるでしょう。塩ビと他のプラスチックが混在しないような工夫や、鉄と銅は分離分解しやすい構造が必要です。分離分解に時間がかかり、有価物が分離しにくい製品は、リサイクルのプロからは敬遠され、いずれは市場から淘汰されるでしょう。

欧州電気電子機器の廃棄に関する指令（ＷＥＥＥ指令）では、リサイクル業者から要請があれば生産者は指定された化学物質がどこに含まれ、どのように外すのかを開示することになっています。プロの処理業者にとって汚染の拡散は致命的だからです。しかし、一般の人が製品を分解することは想定していません。

ＤｆＤが適用された製品は、３Ｒを配慮したエコ製品です。消費者にはぜひ、そういう製品を率先して購入していただきたいと思います。電気電子製品も、自動車も、最終的にはすべて消費者が選択するのです。そのために生産者はどの部分がＤｆＤになっているかを説明する責任があります。同時にリサイクルのプロから、どの会社の製品がリサイクルしにくいかについての情報発信も重要になります。

しかし、実際に製品を分離分解するのは、プロに任せることが必要です。ＤｆＤはプロのため、そして最終的にはそれが消費者のためになるのです。将来、ますます日本が誇るＤｆＤ手法が進展することを期待します。

9　私は使わないけど

２００７年９月１３日

２００７年８月３１日、薄型テレビと衣類乾燥機は２００８年度からリサイクル対象になる、との報道がありました。衣類乾燥機は成行きに任せてもよいとは思いますが、薄型テレビについてはＣＲＴ型テレビからの移行速度を考えますと、法令の対象に加えるのは当然でしょう。製品開発と同時にリサイクル技術開発も日本が確立すれば、それこそ両面で世界をリードすることになります。

さて、これまでの審議においてリユース促進に多くの時間が割かれてきました。リユース促進は、日本が世界に発信する３Ｒ政策の一つとなっています。筆者も基本的にリユースは促進すべきと考えています。しかし、リユースには、環境負荷物質の拡散やリサイクルできない国への輸出など多くの課題があります。家電リサイクル法の改正を議論する国の審議会や委員会などでは「リユースを促進すべきである」との意見に対し、誰も表立って反論できない状況です。巷間でも「まだ使える製品がリサイクルのために破壊されている」「もったいない」「誰かに使ってほしい」という趣旨の発言が目立ちます。マスコミの論調も、有識者の意見もそのようです。

まだ使える使用済みテレビが途上国の電子ゴミに
（リユースするなら自分の国で）

途上国でリユースされる中古コンプレッサー
（オゾン層を破壊する特定フロンが再び充填される）

そのような主張をする代表者に質問したことがあります。

Q　あなたは中古家電製品を使いますか。

A　私は使わないけど、誰かに使ってほしい。

Q　誰かって、誰ですか。

A　そういう人はたくさんいます。貧しい人とか、途上国の人とか。リサイクルショップが繁盛しているのを知らないのですか。

少し話題が変わりますが、災害があった時には山ほど集まりますが、誰も使わないのが「善意の古着」だそうです。さすがに最近は綺麗に洗濯がしてあるそうですが、それでも被災地では迷惑だそうです。本当に被災者が必要なのは「お金」です。

まだ使える家電製品を、「誰かが綺麗に掃除して、誰かが修理して、貧しい人や途上国の人に使ってもらいたい」「まだ使えるのだから、もちろんお金はいただきたい」。

こんな「善意の人々」がたくさんいるのです。「なぜ、自分ではもう使わないのですか」と質問しますと、「もっといい製品が出たから」「家族の人数が変わったから」「引越しのついでに買い替えたいから」という答です。

自家用車の場合はほとんどが「グレードアップしたいから」のようですが。皆さんはどんな時に製品を買い替えますか。内閣府が「消費者動向調査」で、電気製品の買替えのアンケート調査を実施し、毎年公表しています。その一部を表に示します。

この結果をご覧になった感想はいかがですか。平均使用年数は、買い替えた時の年数で、実

2006年度消費動向調査から部分引用）

買い替え理由（単位：%）

上位品目への移行		住居の変更		その他	
Fy00	Fy05	Fy00	Fy05	Fy00	Fy05
27.6	14.2	5.2	7.6	18.5	7.8
24.2	12.8	6.9	15.8	21.4	9.6
11.9	25.7	1.9	3.2	11.3	4.7
13.8	13.1	3.1	6.4	17.4	7.1
-	49.6	-	0.3	-	12.7
-	44.2	-	0.3	-	20.8

多用な考え方

アメリカ *3	途上国 *3
・無条件促進 ・自由貿易が最優先	・E-wasteの原因 ・人の健康 ・国の汚染
	・需要が大きい ・E-wasteで生計
リビルド産業を中心に大幅促進	・輸入規制の強化 ・リサイクル促進
・アメリカ産業保護 ・自由貿易 ・バーゼル条約非締約国	・理想と現実 ・経済格差と南北問題 ・バーゼル法の抜け穴

関する報告書
UNU
「米国代表」と「アラブ連盟代表」の報告

電気製品の買い替え状況（内閣府：

	平均使用年数（単位：年）		故障	
	Fy00	Fy05	Fy00	Fy05
電気冷蔵庫	12.4	10.4	48.7	70.4
エアコン	11.7	10.2	47.5	61.8
テレビ	9.2	9.1	75	66.4
電気洗濯機	9.7	8.7	65.7	73.4
パソコン	-	4.5	-	37.4
携帯電話	-	2.6	-	34.7

出典：http://www.esri.cao.go.jp/jp/stat/shouhi/2006/0603shouhi.html

リユースへの

	日本 *1	EU*2
原則	循環型社会形成推進基本法の最優先項目（ただし，環境負荷低減に有効であれば）	原則促進（特にパソコン，携帯電話は Digital divide に対し必要）
実態	大幅促進を目指す（適正であれば）	E-waste 化と省エネに懸念
動向	・仕分けリユースガイドライン策定 ・バーゼル法適用強化	・4 分野の専門家により検討された ・違法輸出禁止
課題	・自由貿易 ・リユース品を使用しない国内消費者 ・知財権，PL 法	・EU 域内格差 ・PL 法 ・バーゼル法違反の摘発強化

（出典）*1　2007 年 12 月家電リサイクル制度の施行状況の評価・検討に
*2　2008Review of Directive 2002/96 on WEEE Final Report by
*3　2006 年 3 月東京：3R イニシアチブ高級事務レベル会合での

コンプレッサーの機能破壊。リユース可能でも途上国に特定フロンが拡散することを防止するために，機能破壊をしている事例
写真提供：（株）ハイパーサイクルシステムズ

パソコンハードディスクの機能破壊。リユース可能でも個人情報保護のため機能破壊をしている事例
写真提供：（株）ハイパーサイクルシステムズ

際に製品が故障した年数ではありませんが、パソコンや携帯電話に比べて、家電製品は、故障した時に買い替える比率が高いのが実態です。ほとんどの家庭では故障するまで買い替えないのです。しかし、上位機種への移行のために買い替えられる製品がかなりあることも事実です。「ボーナスが出たから」「子供が大きくなったから」などと理由は様々でしょう。特にテレビはＣＲＴ型から薄型テレビへの買替えが急速に増えています。最近では、「省エネ型の製品が発売されたので電気代節約になるから」という環境配慮型の理由も増えているかもしれません。いずれにしても、「まだ使える製品」が

廃棄されていることは確かです。

誰かに使って欲しい、その気持ちを大切にするのであれば、「自分が使用するならば」と考えて「綺麗に清掃する費用」「小さな故障の修理費用」を自分で負担することが最低限のマナーなのです。そして「取扱説明書」「使わなかった付属品」、テレビやエアコンの「リモコン」も必要です。途上国に輸出するならなおさらです。

「リユースを促進するなら、輸出ではなく自国内で」、それが筆者の主張です。

10　タブーがある分野は科学にならない

２００７年１０月４日

タブー（Taboo, Tabu）とは、「禁忌、忌み言葉」の意味ですが、現代社会では「内心思っていても、人前で言ってはいけないこと、口にしても活字にはしていけないこと」です。政治家は特に要注意です。多くの政治家がタブーを犯して失脚しました。企業のトップもそうです。本来ならば表現の自由が保障されているマスコミにもタブーがたくさんあります。しかし、学者にタブーがあっては困ります。それこそ中世の暗黒時代に戻ってしまいます。

企業は、タブーに最も敏感です。商売が優先しますから、タブーには絶対に触れません。広告の表現などに抗議が来たらすぐに訂正し、トップが謝罪し、時が経つのを待ちます。カタログからも多くの伝統的な表現が消えました（正確には消されました）。本書も多くの人の眼に触れますから、消えた具体的な事例を紹介することはタブーなのです。これまで多くの言葉が差別用語とされて、本来の差別は消えないのに言葉だけは消えました。

安全や民主主義に少しでも反する言動は、元々タブーでしたが、最近は環境分野にもタブーがはびこっているような気がするのです。

ＤＤＴの使用禁止は、条件つきでようやく復権しました。この条件つきという点が重要なのです。あれだけ環境面で忌避された特定フロンも、完全クローズの条件をつければきわめて有用な素材です。消火器に使用されていたハロン類もその例でしょう。ＬＣＡを実施すると、フロンの大気放出は天文学的に環境負荷が高くなります。もちろん、世界中で大量に使用されている冷蔵庫やエアコンの完全なクローズ使用などは不可能でしょうから、冷媒用や断熱用フロンの使用禁止や制限は必要だと思います。電気電子機器用の鉛、水銀など長い歴史を持つ有用物質も使用禁止になりました。代替材料と称する「新材料」が急速に普及しています。鉛を使用した製品は電気電子機器の何十倍もあるのですが、「鉛フリーはんだ」によって本当に鉛の害が無くなるのでしょうか。

人命を考えて、安価で効果的な難燃材料を使用してきた製品も、今では臭素系難燃剤フリーの素材でないと購入されなくなりました。座席に難燃剤が使用されていなかったために196名が死亡した２００３年２月の韓国大邱地下鉄一号線での車両火災事故は、もう昔のこととして忘れ去られています。難燃剤の入っていない北欧のテレビと難燃規制に厳格なアメリカのテレビの火災発生率は2桁も異なるという厳然たるデータもあります（DTI2000：UK Department of Trade & Industry 資料）。

こんなに環境が話題になっても、アメリカの難燃規制は全くゆるめられてはいません。今使われている代替難燃剤のヒトへの安全性は大丈夫でしょうか。

地球温暖化はデータに基づく事実なのでしょうが、その原因や京都議定書に対する懸念の発言をすると、企業寄りであるとかブッシュ政権の回し者に分類されそうです。

地球温暖化や省エネに対応する予算は世界的にも増え続けていますが、火山の噴火予知や地震予知など、本来の地球観測の予算は切り詰められているようです。水や食料、教育などの基

食料を待つ人々。環境のためトウモロコシが燃料やプラスチックに
写真提供：国連世界食料計画 WFP

礎的なＯＤＡ予算も削減されています。地球温暖化が重要な項目であることは否定しませんが、あまりにも付和雷同的ではないでしょうか。

バイオ燃料の開発や利用促進に関しても、しばらくは誰も反対できなくなりそうです。そんな中で２００７年2月に「食べ物を車に奪われてよいのか」という刺激的なタイトルの文章を石井吉徳氏（東京大学名誉教授、もったいない学会会長、元国立環境研究所所長）が公開しています。タブーに対して勇気を持って発言する学識経験者の一人です。全文は紹介できませんが、http://www.007.upp.so-net.ne.jp/tikyuu/opinions/syugiin.htm で読むことができます。

生分解性プラスチックは昔から存在しましたが、いつの間にか植物由来プラスチックと名前を変えて（生分解性プラスチックに石油由来プラスチックを混合して、機械強度を増し、石油資源の消費量を少なくしたものを植物由来プラスチックと呼び変えています）、電子機器の筐体に使用されようとしています。カーボンニュートラルの考えは正しいのですが、それこそ「食べ物を電子機器に奪われてよいのか」と言わざるを得ないのです。一般廃棄物として捨てられる可能性の高い容器包装や、文房具、イベント会場での食器、飛散し放置されることが多いゴルフ用品や釣り道具などには大いに普及させるべきでしょう。世界中に普及する電気電子製品への採用は、ライフサイクル思考［ＬＣＴ（Life Cycle Thinking)］を実施して、リサイクル時点での既存プラスチックと混在した場合やその分別方法など、多くの検討が必要です。

世界の食料分配システムがうまく機能していないことは各国政府の責任でもあり、国際連合の役割でもあるのですが、現実に数億の人々が飢餓で苦しんでいることを忘れてはならないと思います。筆者は植物由来プラスチックの普及やバイオ燃料の普及に反対しているわけではありませんが、ここにも科学的な判断と批判に耐える検討が必要だと思うのです。タブーを越えて、「環境と人命」を改めて考えるべきではないでしょうか。

11　信念がある分野は科学にならない

２００７年１１月１日

信念（Faith to believe, Conviction）は尊い言葉です。ある環境ＮＰＯの幹部に、「なぜ塩ビ廃絶運動を続けるのですか」と質問しました。

「それは信念だからです」との答でした。確かにガリレオもダーウィンも野口英世も信念の人でしたから、分野も時代も異なりますが伝記に書かれるほどの「偉人」だったのです。しかし、実体がわかっても誤りを信じ続け、他人に強要することは、もはや信念ではなく妄信になると思います。ガリレオの地動説も妄信といって非難されました。普通の感覚からは天動説の方が正しいと感じるでしょう（筆者も太陽が地球の周りを回っていると見るのが日常の観察からは自然だと思います）。

信念を変えることが難しい時もしばしばあります。古来、改宗したり、主義や主君を代えたりすると、変節、転向といって非難されました。しかし、現代においては、新たな真実をその時点で受け入れ、訂正する勇気こそが科学に対する信念といってよいのではないでしょうか。

環境のように答えがすぐに出ない分野においては、なおさら多様な現象を理解する力が必要だと思います。あらゆる物質、特に化学製品には何らかの環境負荷があるのです。それを認め、その便益をうまく利用することが文明化された我々の生き方ではないでしょうか。人類が古くから利用してきた鉛もヒ素も水銀も、すべて有用な材料です。それらを利用して先祖は高度な文明を築いてきたのです。プラスチックもその中のひとつです。多くの矛盾する環境負荷を定量的に表現する手法の一つにＬＣＡ（Life Cycle Assessment）があります。ＬＣＡではどんな物質も環境負荷を及ぼすことを示しますので、壮大なネガティブ情報ともいえます。ネガティブ情報を知ったうえで利用するには、高度の科学知識と正確なデータ、そして物質を制御できる社会システムが必要です。

信念を公式に変えた事例にＤＤＴに関するＷＨＯの方針転換（２００６年９月１５日）があります。次頁に、その一部を示します。中西準子先生のＨＰ雑感３７７・２００７・２・６「ＷＨＯの方針転換（ＤＤＴ問題）」からの引用です。全文は http://homepage3.nifty.com/junko-nakanishi/zak376_380.html で読むことができます。

ＤＤＴは、終戦直後の日本の衛生状態を改善し、多くの人命を救ったにもかかわらず、その後、環境保全のために「おぞましい物質」として使用が禁止された典型的な事例だったと思います。

【06年9月15日のWHOアナウンス】

DDTの広範な使用が禁止されてからほぼ30年経過して、WHOはマラリアをなくすために、DDTの室内残留性噴霧（IRS）を奨励するという方針を公表した。IRSとは、屋内の壁面に殺虫剤をスプレーするという方法で、即効性がある。（中略）IRSは費用も低く、適切に使用すれば、健康リスクはない。1980年代初期までWHOは熱心にこの普及に努めてきたが、人の健康や環境影響が大きいと言う声が上がり、この使用を止め、他の方法を検討した。しかし、その後の精力的な研究、調査でIRSは人に対しても、環境に対しても害はないとの結論に達した。……以下略

【問：マラリヤ制御のためのDDTの使用は、なぜこれほど議論になるのか。】

DDTが残留性、残存性の高い物質だから。殺虫剤として散布してから、環境中で12年も残留する。この間、DDTと代謝物は食物鎖に入り、脂肪組織に蓄積する。野生生物でのいくつかの有害影響がDDTによるものだった。鳥類の卵殻が薄くなるのもその影響である。また、DDTが人健康に慢性的な影響を与えるという畏れもあった。

しかし、現在までのところ、DDTと人健康影響との間の直接的な関係はないが、これが生殖機能や内分泌系の機能に影響を与えるかもしれないという証拠は増えつつある。DDTの使用に反対する人々は、この理由で使用を抑制すべきと主張している。

以下略

もちろん、この信念変更の事例でも、多くのデータと知見によって無制限の使用ではなく、「制御可能な使用」を前提にしています。今後も同様の事例が増えることを期待します。

残念ながら途上国の一部の地域では、塩ビ電線を「野焼き」にして、手軽に銅だけを回収している事例がまだ存在するようです。不適正な廃棄時の処理方法は、環境負荷を高めるだけでなく、塩ビリサイクルの貴重な機会をも奪っているのです。

これらの事例は、塩ビ根絶の信念を持った人々を勇気づけるだけでなく、塩ビを使用しない製品を環境配慮製品として評価する一部のNPOの主張をも助けています。塩ビが通常のプラスチックに比べて半分の石油しか使用していないことや、優れた断熱効果で省エネルギーに役立っていることなどは、これまでも塩ビ業界の冊子で公開されています。残念ながら「塩ビ根絶の信念を持った人々」は、そんな冊子は「宣伝パンフ」であるとして見向きもしないでしょう。

国際機関や学識経験者からの定量的なデータを、ネガティブ情報も含めて、大学や高等学校で教育を担当する先生方や国際的なNPOに積極的に発信する努力が必要です。途上国には廃棄時の正しい処理方法やリサイクルの利点も普及させることが重要です。「誤った信念」を持った人々や団体が「正しい信念」に変わった時、その影響は計り知れないほど大きいと思います。

12　国民が決めた？　マスコミが決めた？

２００７年１１月２９日

数年前、ウイーン国際空港で東京行きの帰り便を待っていた時のことです。数十人の迷彩服を着た軍人の集団が入ってきました。楽しそうに三々五々談笑をしています。左袖のマークでノルウェー軍とわかります。気さくそうな士官に「何処へ行くのですか」と聞いたところ「コソボ、国連の要請」との答でした。いろいろ雑談をした後、「ところでなぜノルウェーはＥＵに入らないのですか」と質問しました。長々とした利害得失の説明が来るかと思っていましたら、「国民が決めた (People decided)」と超簡単な答が返ってきたのです。ノルウェーは、１９９４年にＥＵ加盟の是非を国民投票にかけ、４７・８％対５２・１％の僅差でＥＵ非加盟を決定しているのです。

その時の彼の回答は実に短く新鮮でした。もちろん、公務で移動中の軍人である彼は、そのようにしか答えられなかったのかもしれませんが、同じような質問に日本人ならなんと答えたでしょうか。もっとも、ＥＵ加盟のような国運を左右する重要事項を国民投票にかける制度は日本に存在しませんが。

ずいぶん話題が飛躍しますが、環境に関する規制が世界にはたくさんあります。とりわけ欧州の環境規制は影響が大きく、事実上の世界標準になっています。経済活動の方が先行してグローバル化していますから当然かもしれません。

さて機会があったら、「欧州ＲｏＨＳ指令は誰が決めたのでしょうか。なぜ６物質なのですか」と欧州の「普通の人」に質問してみたいと思います。何事にも厳格なドイツ人なら、「ＥＵ理事会および議会で決めたのです」と答えるでしょうか。ノルウェー人は「ＥＵに加盟していないので知りません」と答えるかもしれません。日本の役人なら「それはＥＵが決めたことで日本の規制ではありません」、そして日本の製造業の人なら「経緯は知りませんが、内容はよく知っています」ではないでしょうか。

近所の非民主国家ならなんでも「将軍様が決めた」「党中央が決めた」と答えればよいのですから気楽ですが、日本人の場合は環境関連の規制は誰が決めたと答えればよいのでしょうか。日本は議院内閣制ですから「国民が選んだ国会議員が国会で審議して決めたのです」となります。

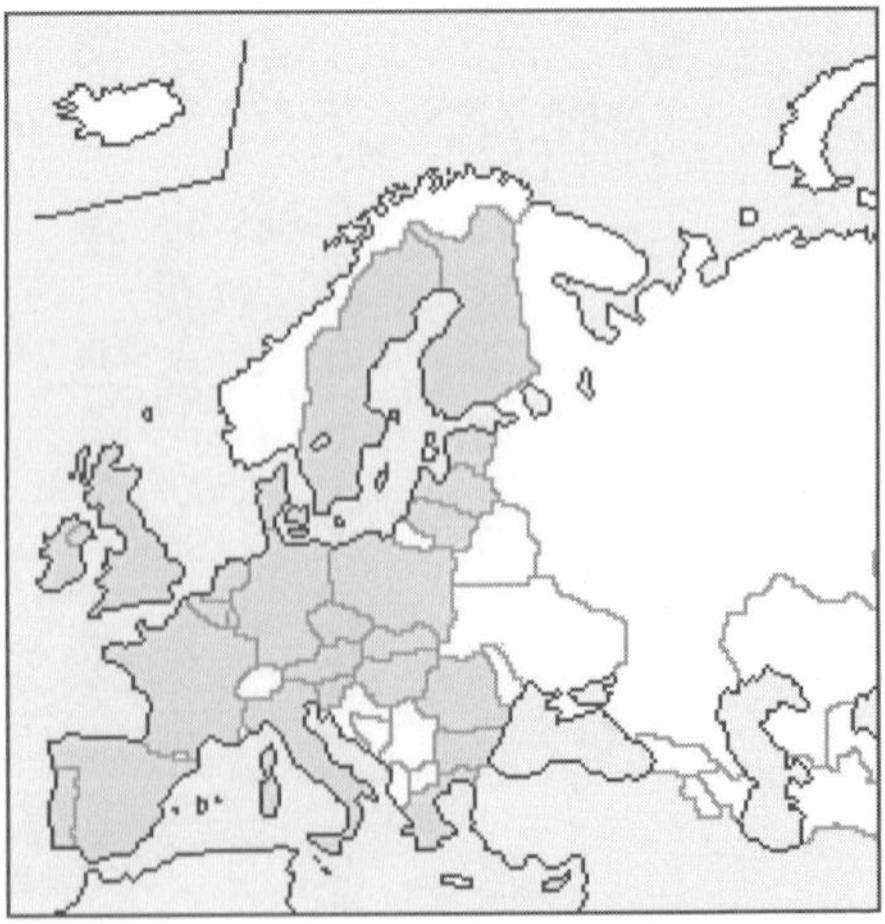

ＥＵ加盟国（ノルウェー，スイスは非加盟，2010年３月時点）
（外務省 http://www.mofa.go.jp/mofaj/area/eu/）

しかし本当は「マスコミが決めた」あるいは「役所が決めた」という、とんでもない答が返ってくるような気がするのです。環境のように幅広く専門的な事項については、国会議員よりも役人の方がはるかに専門家ですから、(国会議員の中には環境が専門だと自称する人もいますが)法律を運用する政省令など細かな規制の作成は役人しかできません。政省令を決める前に「パブリックコメント」の制度があり、国民は意見を述べることが

パブリックコメント募集事例
(引用：経済産業省　http://www.meil.go.jp/feedbak/index.html)

<table>
<tr><td colspan="2">案件番号</td><td colspan="3">59520731</td></tr>
<tr><td colspan="2">意見募集中案件</td><td colspan="3">産業構造審議会消費経済部会製品安全小委員会中間とりまとめ(案)に対する意見募集について</td></tr>
<tr><td colspan="2">定めようとする法令等の題名</td><td colspan="3">－</td></tr>
<tr><td colspan="2">根拠法令条項</td><td colspan="3">－</td></tr>
<tr><td colspan="2">行政手続法に基づく手続きであるか否か</td><td colspan="3">任意の意見募集</td></tr>
<tr><td colspan="2">案の公示日</td><td colspan="3">2007 年 7 月 4 日</td></tr>
<tr><td colspan="2">意見・情報受付開始日</td><td>2007 年 7 月 4 日</td><td>意見・情報受付締切日</td><td>2007 年 8 月 2 日</td></tr>
<tr><td rowspan="2">関連ファイル</td><td>意見公募要領(提出先を含む)，命令等の案</td><td colspan="3">意見公募要領
【資料 1】中間とりまとめ（案）
【資料 2】中古安全･安心確保プログラム（案）</td></tr>
<tr><td>関連資料，その他</td><td colspan="3">参考資料
規制影響分析書</td></tr>
<tr><td colspan="2">資料の入手方法</td><td colspan="3">経済産業省訟務情報制作局流通グループ製品安全課にて配布</td></tr>
<tr><td colspan="2">備考</td><td colspan="3"></td></tr>
</table>

できます。しかし、役人は国民が選んだわけではありませんから、政省令は「国民が決めた」とは言えないでしょう。

国民が得る環境情報は、マスコミを通じて得られるものが大半です。普通の国民は、『環境白書』や、まして『国会議事録』なんて読まないのではないでしょうか。本書を読んでおられる皆さんは、環境に関心が深いのだと思います。それでもやはりほとんどの方々は「新聞、テレビ」から大半の情報を得ているのです。役所は、国民よりははるかに専門的な機関や海外駐在官から環境に関する情報を得ていると思いますが、やはりマスコミは無視できません。環境関連の委員会や審議会でも、マスコミ情報が判断の基準になっている委員が多いように見受けます。

ノルウェーの国民投票の時も、恐らく多くのマスコミが賛否の情報をたくさん流したのだと思います。ノルウェーも日本も民主国家ですから報道の自由は保障されています。同時に「思込み」「信念」に基づく「偏ったマスコミ情報」も氾濫していたことでしょう。新聞や雑誌で活字にされた丁寧な解説記事も、お笑いタレントのテレビでの発言も、あたかも「真実」のように受け止められます。野原にたった1台廃棄された冷蔵庫の写真を見せられれば、日本中に電気製品の不法投棄が激増したような印象を与えます。ダイオキシンもサリンも区別無く「猛毒」として報道されています。マスコミを批判する週刊誌もありますが、全国紙やテレビの報道はほとんどの人が信用します。誤報や捏造記事の訂正は、忘れた頃に小さく片隅に掲載されるだけで、まさに人の噂もマスコミ誤報も75日です。海外からの環境報道は記者自ら取材したものではなく、引用や伝聞が多いのも特徴です。

しかしマスコミ報道が無ければ、環境に関する情報はほとんど国民には入らなくなります。どうすれば良い判断ができるのでしょうか。一番良い方法は「原典を見る」ことなのですが、原典も刻々と変わりますから、よほどの専門家でないとそれは不可能です。

平凡ですが、良い判断をするためには「複数情報の見比べ」しかないのではないのでしょうか。一つの新聞だけ、一つのテレビ局だけからの情報は危険です。家庭で複数の新聞を購読することは珍しいことですけれども、勤務先や大学、図書館、そしてインターネットなら複数の情報入手が可能です。

役所のＨＰは抑制的で面白くなく、マスコミ情報よりは遅れますが、必ず皆さんの情報源に加えるべきです。環境に関する規制は、科学的な未来予測と政策的な国家戦略が絡みます。純粋な専門知識に加え、高度な政治判断も必要です。「答がすぐ出る」課題ではありませんが、「マスコミが決めた」と言われないよう、一人ひとりが複数の情報を比較検討し、冷静な判断ができることが望まれます。「国民が決めた」と言えるような理念的な環境政策を日本から世界に発信したいものです。そして最後にもうひとつ、「役所が決めた」と言われないために、「審議会の傍聴」「議事録の精読」、そして「パブリックコメントの発信」など多くの権利を有効に使いたいものです。

13 見えるお金と見えないお金

２００８年１月３１日

拡大生産者責任（ＥＰＲ：Extended Producer Responsibility）については、**24項**でも書きますが、この理念が曲解されて、何でも生産者にお金を負担させればよいとの考えが広まっています。そこでどうしても指摘したいのが、「見えるお金」と「見えないお金」の問題です。

リサイクル処理料金が製品の中に含まれていると、メーカーが処理費用を負担しているように感じて、いかにも良いシステムのように見えます。しかし、「見えるお金」と「見えないお金」という見方で見てみますと、解釈がずいぶん変わってきます。

典型的な「見えないお金」が間接税と住民税でしょう。ほとんどのサラリーマンの所得税は源泉徴収されますので、見えないお金に分類されます。他方で、「見えるお金」の典型が実は家電リサイクル券なのです。というのは、冷蔵庫が使用済みになって捨てる時に現実に５０００円なり６０００円を取られるわけですから誰でもわかる「見えるお金」なのです。その反対に、欧州の家電リサイクル方式では新製品を買う時に処理料金が含まれていますから、消費者にはリサイクル処理料金が一体いくらなのかわかりません。典型的な「見えないお金」になっています。

ＥＵの付加価値税は、ＥＵに加盟する以上は１５％以上が義務づけられています。１ヵ国だけが「国の事情によって付加価値税を5％にしたい」などとすると、ＥＵ統合の経済システムが崩れてしまうからそれを許さないのです（現在はリーマンショックの緊急対策で引き下げが認められているようですが）。

この付加価値税は全部「見えないお金（In-Visible Fee）」になっています。例えば、ドイツは先日、付加価値税を値上げして19％にしました。しかし、実際に買い物をする時に商品の価格が上がったことはわかりますが、一体どのぐらい上がったかわからないのです（もちろん計算すればわかりますが）。ですから今回の付加価値税の値上げも、日本のマスコミは張り切って報道しようとしましたが、肝

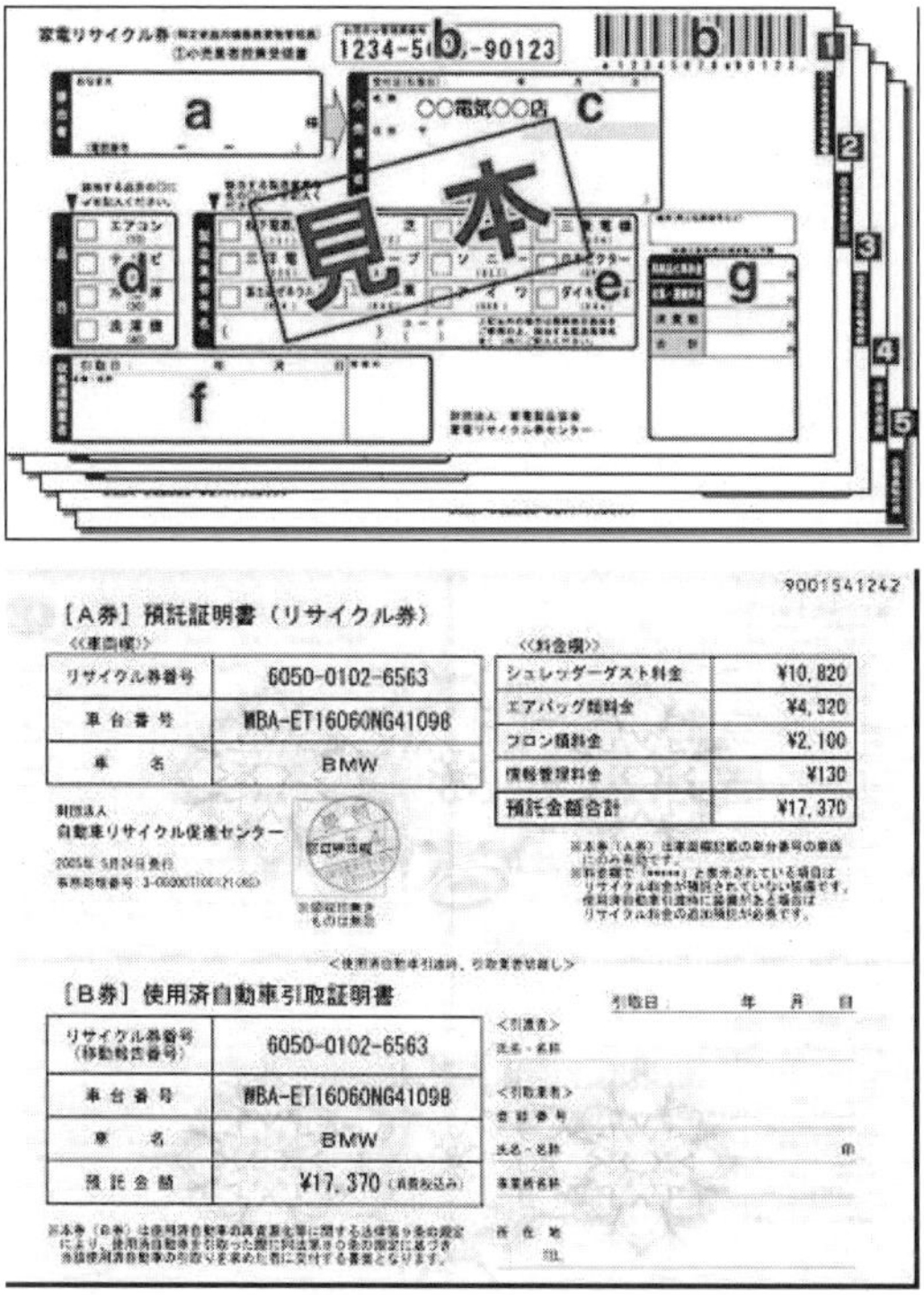

家電リサイクル券（上）と自動車リサイクル券。
どちらもリサイクル処理料金だけでなく，リサイクルシステムを維持する手数料がはいっている。

心のドイツではあまり大きな社会問題に発展しなかったようです。

実は、日本の消費税5％も今までは外税として別表示をしていましたが、総額表示が義務づけられてから消費税も見えないお金になっているのです。見えないお金にすると払った金額の内訳がわからなくなってしまうのです。105円のガムは5円が消費税だろうとわかりますが、800円の日替わりランチの消費税はいくらなのか計算しなければわからないのです（普通の人はいちいち計算などしないでしょう）。

「見えるお金」「見えないお金」のそのほかの典型的な例として、あまり気がつきませんけれども、自動車の路上放置車（不法投棄車）の処理料金があります。

新車を買う時、購入者もディーラーもたぶん知らないでしょうが、2000円ぐらいの不法投棄車の処理金が入っているのです。ディーラーに質問しても多分入っていないと言うでしょう。実はメーカーの利益の中から寄付しているのです。これは典型的な見えないお金です。最近は金属価格が高騰して自動車の不法投棄は少なくなっているようですが、その前から車の不法投棄はあまり大きな話題にならなくなっています。

車が不法投棄されても、路上放棄車処理協力会から自治体に対して1万円程度の寄付金（処理料金）が出るのです。だから、不法投棄があっても自治体はあまり困りません（公式には困っていると言うでしょうが）。自動車処理業者にとっても、不法投棄は仕事になることだから歓迎です。最近ではもっとその寄付金の範囲を拡大すべき（2007年1月全国市長会提言）の声があります。恐らく今後も、自動車メーカーの社会的責任として寄付の形で支払われるのでしょう。

家電製品の不法投棄でも同じようなことを主張する人がいます。家電製品の不法投棄は年間に15万台程度で安定的に推移していますが、不法投棄は製造メーカーの責任で処理すべきだという意見です。

不法投棄の処理をメーカー責任にするのは簡単です。自動車に比べて数が多く、販売単価が安いので、冷蔵庫1台当りほんの数円販売価格を上げたところで、目立たぬ単価ですから反発は出にくく、不法投棄を処理する費用はすぐ解決するのです。実際は販売競争が激しく、製品価格の値上げは難しいので、メーカーの利益の中から処理料金を拠出することになるのでしょうが。要するに「見えないお金」にすると、消費者は文句が言えないのです。

しかし、すぐわかることですが、これは法律を守る善良な消費者に犯罪行為を助けさせていることになるのです。「泥棒さんも困っているのだから皆の税金で盗まれたお金を被害者に上げ、泥棒さんを捕まえるのはやめましょう」という考えです。違法者が得をする典型的なモラルハザードなのです。

「見えないお金」にするということは、為政者は楽なので喜ぶけれども、善良な人の権利がいつの間にか侵害される可能性のある制度であることをよく認識する必要があります。

14 補助金　貰ったお金と上げたお金

2008年2月28日

貰ったお金はすぐ忘れますが、貸したお金、上げたお金は10円でも覚えているし、奢ってもらった食事はすぐ忘れますが、奢った場合は何時までも覚えているといわれます。皆さんはどうですか。

さて、話は大きくなって国の補助金の話です。先日、ある中小企業対象の財団の幹部から言われました。必要な金の半分は国が補助してあげるんだよ。こんないい話なのに最近はちっとも企業から補助の申請がない。国の財政が厳しくなって、補助金も軒並みカットです。政府開発援助（ODA :Official Deveropment Assistance）予算も毎年削減されています。役所にとってはますます貴重な補助金予算なのに「親の心、子知らず」だと、その財団幹部は嘆いていました。貴重な補助金だから（国民の税金を使うのだから）、補助する場合の事前審査やプロジェクト終了後の監査はますます厳しくなります。ここにも当然ながら序列がありまして、会計検査院、財務省、各省庁、財団などの順序で末端に行くほど、仕組みの規則は細かくなり、行動の監視は厳しくなります。

さて、補助を受ける企業はどうでしょうか。半分も国から出していただいてありがたい、とは思わなくて、半分は自分が出しているんだ（最近は1／3補助も普通）。それなのにいろいろうるさいことを言われ、使い方にも厳しい制約を受けるのです。

ODAも半額以下の補助が多くなりました。受け取る途上国からすれば、「半分は貧しい自分の国の税金を使い、自国民から料金まで徴収しているのに、何から何までうるさく干渉する」と感じます。多くの場合、日本国政府にではなく、現地の担当職員に対してです。自分が金を出しているわけでもないのに、お金を嵩に威張っていると感じるのです。まさに「代官」が憎まれるのです。

本当に貧しくて、補助金が砂漠に染み入る水のようにありがたかった時代ではなくなったのかもしれません。でも補助がありがたいことには変わりありません。

半分もお金を出して、企業や途上国から「よく思われない」「感謝されない」のは、まことに残念です。日本も敗戦直後から、大量の経済援助を主としてアメリカから受けました。

敗戦以前から、民間のフルブライトの奨学金などは今でも続いています。アメリカの司法長官だったロバート・ケネディは来日して早稲田大学の大隈講堂で吊し上げの洗礼を受けたのに、逆に奨学金を設立し、その名前は今でも生きています。孤児院で育った少女ジュディ・アボットがあしながおじさんから受けた奨学金に対する義務は、毎月手紙を書くことだけでした。使ったお金の領収書を出せとか、授業に出席した時間伝票を出せなどとは言われませんでした。

確かに、世の中は信頼だけではうまくいきません。まして「公金」ともなると、厳格な監査によって確認されないと「国民が納得しない」でしょう。しかし実際には、プロジェクトを監督する立場の人のためにだけ仕組みが動いているとしか思えない状況が多いようです。

削減される補助金やＯＤＡ予算が、何よりも相手にとって役に立ち、そして長い眼で日本の良き理解者になってもらわなければもったいないし、残念です。「このお金は日本国民の税金です。金額は少ないのですが、どうぞ自由に使ってください」なんて言われたら無駄使いなどしないのではないかと思うのです。普段厳しいことを言っているのに似つかわしくないと言われそうですがね。でも心の機微ってそのような気がするのです。途上国の事情にも詳しいビジネス関係の皆さんはどうお考えですか。賄路と汚職がはびこっている途上国では難しいのかもしれませんね。

15 知的財産権

２００８年４月３日

日本が世界をリードしていくための重点分野は、知的財産権です。日本は持続可能な社会を目指す分野でも、知的財産権の取得をおおいに進める必要があります。これまでも日本のものづくりの優位性は、設計、製造、サービスまでと多岐にわたっていますが、多くは目立たない知的財産権によって支えられてきたのです。

製品やシステムがグローバル化し、世界のどこで生産されても使用されても、権利が保障されるのが知的財産権です。知的財産権に関しては、世界貿易機構（ＷＴＯ:World Trade

Organization）の中の「知的所有権の貿易関連の側面に関する協定（ＴＲＩＰＳ協定）」で国際的に権利が定められているのですが、途上国を中心に権利が侵されている事例が多発しています。

環境分野では、特にリユース、リビルドに関して知的財産権の考え方を整理しておく必要があります。最近では、いずれも日本を代表する世界企業の発明によるレンズ付きフィルムやインクカートリッジの事件があります。

どちらもサードパーティ（第三者）によるフィルムやインクの詰替えビジネスの例です。安価な詰替え製品の参入によってビジネスモデルが破壊されてしまいます。それぞれ、裁判により開発者の知的財産権が守られる結果となっています（レンズ付きフィルムは０４年2月東京地裁、０5年1月東京高裁、インクカートリッジは０7年1月知財高裁大合議部、０7年１１月最高裁第一小法廷でいずれも開発企業が勝訴）。

世界的には、消費者保護の観点から、詰替えビジネスを支持する意見が多数あります。意図的に安価な機器を販売して、後から高価な純正消耗品を買わざるを得なくするビジネスモデルに疑問を感じる人はたくさんいます。しかし、膨大な開発費と技術者の労苦を思えば、他人の開発製品を無断で横取りして手を加えて商売をするのはやはり犯罪です。もしも詰替えビジネスを認めると、今後は「詰替え不可能」な製品開発が進むでしょう。

今回の裁判は、日本よりも世界で注目されたともいわれています。日本が今後も環境を配慮した先端技術で生きることを選ぶのであれば、知的財産権を重要視することは当然です。

販売された製品は、その時点で製造に関する特許権は消失しています。購入者は、購入した製品と同じ製品を製造して販売すれば特許権に抵触しますが、修理して販売する場合は抵触しませんので、裁判所の判断基準は、対象製品が「製造された」のか「修理された」のかによるとされています。

環境のためと称して、無条件にリユース促進を唱える有識者や消費者がいます。日本だけでなく世界的にもリユースは良いこととされています。

高度の工業製品をリユースする場合は、使用する前に、専門知識を持った技術者による修理や改造が必要です。不適正な修理や改造は、製造物責任法［PL（Product Liability）法］で保護されるべき消費者の安全だけでなく、新たな環境汚染を生む恐れがあります。

そのために組織的に大量に修理改造（リビルド製品、リマニュファクチャリング製品と呼ばれる）されますと、知的財産権を侵害する懸念が生じます。異なるメーカーや複数製品から中古部品回収をして、再生産するリビルド製品が先進国からも輸出されるようになっています。

もちろん世界用語になった「もったいない」は当然のことです。風呂敷の使用など日本の美しい習慣を世界にも広めたいと筆者も願っていますが、工業製品の場合は知的財産権を考えたうえでのリユースの必要性を主張しているのです。

最近、I社、N社、S社などの世界的に有名な電気電子企業が環境保護関連の特許を無償公開することがニュースになっています。これは一見すばらしいことのように見えます。環境、安全に関わる発明を知的財産権として企業が独占することに疑問が出るのは当然だからです。しかし、発明企業、発明者個人に対する対価を適正に評価することがまずは先決であり、重要なのです。

環境保護関連だからといって、その知的財産権を無償公開するようなことが環境を売り物にする企業のパフォーマンスになっているのではないでしょうか。苦労して取得した知的財産権が無償公開されるとしたら、今後は環境、安全に関する知的財産の取得意欲がなくなる懸念があります。知的財産権本来の目的である「技術の公開」が阻害され、企業や個人の秘密にされることも考えられます。もっとも、これらの世界企業も本業に関する知的財産権は抜け目無く独占しているようですから、彼らにとっては「環境」は刺身のツマなのかもしれません。

知的財産権は、多くの技術者が考案した無形の結晶です。日本が環境分野で世界に貢献するのであれば、ODAによる環境分野の知的財産権の無償供与（当然、発明の対価はODA予算によって発明者に支払われる）などの方策は考えられないでしょうか。箱物支援とは一味異なるユニークなODAになります。

製品だけでなく、生産プロセスにもたくさんの知的財産権を所有される会社に所属される読者の皆さんはどのようにお考えですか。

16 プロからのクレームとヤクザからのクレーム

２００８年４月２４日

先日、管理会社のミスで筆者が住むマンションの一部の積立て利子が1年分受け取れないという事態が発生しました。

これに対して、本来受け取るべき利息を管理会社が補填するなどの対策が講じられたのですが、マンション管理組合には「誠意が無い」「社長から詫び状を出させろ」「管理費用を割り引かせろ」などの要求をする人がいたのです。かつて大手企業に勤務していた普通の市民です。業務上のミスに対して損害補償をしたり、管理者から再発防止策の説明や詫び状を出したりすることは当然のことかも知れません。しかし管理費用を割り引かせるのはなんとなく「イヤーな気」がしませんか。法律的なことは別にして、相手のミスに対して「誠意を見せろ」といって金を要求するのは昔も今も「ヤクザ」の常套手段です。だから、「ヤクザ」が要求するのなら、それはそれで理解?できますが。

さるノンフィクション作家が日経ＢＰのＷｅｂ上で、彼の友人からメール便による書物が届かなかった事故に対して、その宅配業者を名指しで「お客様サービスセンター」の対応を激しく非難していました。８０円の料金を返却するとの回答に対し、「金の問題ではない」「誠意がない」「謝罪しない」という内容です。これはヤクザよりも始末の悪いタイプの人です。本当に大切な書物であれば、初めから書留郵便や配達証明などの必要料金を負担すればよいのです。価格とリスクは連動するのです。こういう人に限って「お上」には弱いのです。民間会社は、お客を選ぶことができません。この人は、ジャーナリストとも自称していますからヤクザの類かもしれません。いやいや、ほんもののヤクザは「誠意を示せ」といってお金を取ることが目的ですから、引き際も知っているし、相手が反論できないＷｅｂ上で一方的に非難することはしないと思います。

会社にクレームをつけて金品をゆする人たちは「クレーマー」と呼ばれていて、昔はいわゆるプロの人が多かったのですが、最近は「普通の市民」がそういう行為をするのです。一般消費者を顧客にする多くの企業には、クレーム対応を専門にする「お客様相談室」「お客様サービスセンター」などの部門があります。そこには技術や業務に精通したベテランを配置しています。

クレーム対応は、企業にとって経営的にも精神的にも負担の大きな業務ですが、実は貴重で重要な情報源でもあるのです。理不尽なクレーマーからの話も時には参考になります。もちろん、普通の顧客からのクレーム内容は、製品の改良、新製品開発、新たなビジネスモデルのヒントに直結します。

消費者の「誤使用」「不適正修理」などによる製造者責任法（ＰＬ法：Product Liability Low）の範囲外の要求内容もたくさんありますが、そんなクレームの中から「誤使用しにくい製品」「不適正修理がされにくい製品」も生まれるからなのです。発売前の社内試験ですべてが見つかればよいのですが、消費者の手元で長年使用した結果、初めて「想定外の使用方法や事故原因」が判明することも多いのです。

製品設計者にとって一番知りたいのは、自分が設計した製品がどんな最後を遂げるかです。想定外の部分が故障しないだろうか。簡単な部品の故障で製品すべてが動かなくならないだろうか。最近はこれらに加えて、使用済みになった時に、リサイクルプラントで分解しやすいだろうか。有害化学物質が飛散しないだろうか。表示したマークが廃棄段階になっても読めるだろうか。こんなことも設計者は考えるようになりました。拡大生産者責任（ＥＰＲ :Extended Producer Responsibility）の定着とか、ライフサイクルアセスメント（ＬＣＡ :Life Cycle Assessment）の普及などといえば、そのとおりなのでしょう。さらには消費者からの厳しい要求に応えようとする日本企業の顧客第一主義がそうさせたのだと思います。

市民からのクレームに加えて、今ではリサイクルプラントからのクレームも増えています。リサイクルプラントからのクレームは、「解体のプロ」からの情報ですから設計者にとっては一層シビアで、有益です。

「ノンフロン冷蔵庫になって環境に配慮していますと言われますが、可燃性冷媒のイソブタンや可燃性断熱材のシクロペンタンは、どうやって処理したら安全なのですか」「せっかくリサイクルできる塩ビ製のドアパッキンも外すのに手間と時間がかかります」「表示がないので塩ビであることがわかりません」「鉛フリーはんだと従来の鉛はんだはどうやって見分けるのですか」「レアメタルなどは回収しなくてよいのですか」「まだ使えるような新品がリサイクルされていると多数の見学者から質問が来るのですが」。

これらはクレーマーからの言いがかり、一般消費者からの苦情とは、一味違う情報です。実は、こんな遣り取りが行われるのは、世界でも日本だけのようです。なぜなら、使用済み製品のリサイクル処理が製造者に義務づけられているのは日本の家電リサイクル法だけだからです（リサイクルシステムが異なる自動車の場合や欧州の家電製品では、こんな情報は製造者には届きません）。

久しぶりですが、ダイオキシンについて、２００８年４月１０日の『化学物質と環境円卓会議』で話題になりました。ゲストからの科学的な報告に対して、塩ビの危険を煽った人々からの意見は、相変わらず規制の強化でした。「塩ビＮｏ」キャンペーンは金品を要求したわけではありませんでしたが、環境を人質にとって、一般市民を恐怖に陥れた理不尽なクレームでした。まだその影響は残っています。塩ビ工業・環境協会は、今後も塩ビの正しい使用法について、科学的知見とデータを駆使して普及啓発を続ける努力を怠ってはいけないと思います。

17　ジャンプ

２００８年５月２９日

先日、国際連合大学で研究者達と「途上国の環境教育のレベルを上げる支援方法はないか」

というテーマで雑談をしました。以下は主な意見です

「途上国の多くのエリートは、先進国で学位を取り、立派な論文を国際学会に発表し学者や官僚として出世するけれど、自国の環境教育には熱心ではない」、

「コンピュータや高度の計測器を駆使した研究はするけれど、簡単な装置の修理もできないエリート達が多い」(最近の日本にもそういう研究者が増えているようですが)、

「本当はそうでなく、初等中等教育に熱心な教師が多数必要なのだ」、

「しかし環境教育といっても、結局はその国が環境教育を考える余裕ができるまで待つ方が早いのではないのか」、

「だから経済発展こそ支援すべきではないか」、

「明日の食料を得るためには、今日の寒さを防ぐためには、焼き畑も農薬も石炭ストーブも必要でしょう」、

「豊かになって初めて環境を考えるのです。つい半世紀前までの日本も同じではなかったでしょうか」、

「いや、やはりジャンプは必要です」。

ジャンプとは何でしょうか。以下は筆者の結論です。

先進国になった韓国には、水俣病が発生しませんでした。それは日本が悲惨な経験を発信し、韓国がそれを知って対策をとったからなのです。それがジャンプです。綺麗な空気と水を取り

戻した日本の規制手法を北京やバンコクにもっと発信しなければならないのです。そうすれば汚してから綺麗にするのではなく、環境汚染をジャンプできるのです。

韓国のソウルでは川の上を覆う高速道路を撤去しました。日本ではようやく今頃になって日本橋の上の高速道路の撤去が話題になっています。今度は日本が学ぶ番です。本当は撤去ではなく初めから川の上に高速道路などを通さなければ良かったと思うのですが、当時の日本人は経済発展に高揚していて、環境など考えもしなかったのです。

3月に放映されたＮＨＫのクローズアップ現代「地球温暖化インドのＣＯ２を減らせ」によれば、インドの村では太陽光発電装置を設置して石油ランプの代わりに電気照明器具が１戸当り３０ルピーで貸与されています。これなら発電所の新規建設や高圧送電線や鉄塔などのインフラも必要ありません。それがインドのＣＯ２増加を防ぐジャンプになっているのです。

中国やアフリカでは、爆発的に携帯電話が普及しています。ケニヤでは電気も

市街地にもある日本の高圧送電線（途上国の太陽電池普及は送電線の建設をジャンプする）

水道も無い村にも拘わらず、マサイ族の女性がほとんど全員携帯電話を持っているのです。電波を利用すれば、山河を越えて広大な国土にネットワークを廻らせるための電話線や電柱などのインフラは不要になります。これもCO2増加を防ぐジャンプです。

この番組の中で、国立環境研究所の藤野純一博士が解説するように、太陽電池や携帯電話の開発は、発電所や送電・配電網建設を一挙に跳び越して、環境負荷低減のジャンプになっているのです。途上国はそれらを開発した先進国に知的財産や製造ノウハウの対価を払うのは当然ですが、それでもこのジャンプによって経済発展を促進しつつ環境負荷低減になっているのです。

しかし、電気照明の利便性を知ったインドの村の人々は、次の段階では電気冷蔵庫を求め、扇風機をジャンプしてエアコンを求め、バイクをジャンプしてインドの国民車ナノカーを求めるのも自然です。だから結局は発電所や送電網は必要なのですが、その時までにはインドはもっと経済発展し、既存のCO2を大量に排出する石炭発電所ではなく、ジャンプして日本の高効率発電技術を導入できるようになっているでしょう。

しかし、教育の分野ではジャンプは心配です。筆者の世代は、真空管式のラジオを自分で組み立てましたが、今の学生はダイオードやトランジスタすらジャンプして、いきなり情報工学を勉強するのです。恐らく部品を集めてラジオやテレビを組み立てることはできないでしょう。そんなことを大学で教えるべきであるとは言いませんが、教育の分野でのジャンプは、次の技術開発を生まなくなる懸念はないのでしょうか。

ジャンプは技術のブレークスルーと同義語かもしれません。筆者は、リサイクルプラントがもたらした環境技術のブレークスルーというキーワードで、「静脈産業の動脈化」「プラスチックの水平型自己循環」「リサイクルプラントから発信される環境適合設計（DfE）の革新」を挙げてきました。経済が高度に発達し、資源が少なく、国民の遵法意識が高い日本ですから実現したジャンプだったのです。途上国にとってはまだまだハードルが高いかもしれませんが、日本のリサイクルプラントの存在が途上国の環境教育のジャンプになることを願っています。

理不尽なキャンペーン「塩ビNo」の嵐を体験した塩ビ工業界は「悪夢が去った」と安心するのではなく、「科学的評価」の重要性と「塩ビの正しい使用法」を、発信し続ける必要があると思います。それが途上国にとってジャンプになるのです。

18　百聞は一見に如かず

2008年7月3日

百聞は一見に如かず、と言われます。確かに見ると聞くとでは大違いのことがたくさんあります。見ることは、どんな場合でも重要です。そして見せることも。

ある委員会のヒアリングで、高名な委員が「欧州の都市は綺麗ですね。どこにも不法投棄なんて見ませんでした」と発言しました。筆者は「銀座や丸の内にも不法投棄なんて見当たりませんよ」と答えました。その委員は超大手企業の会長でしたから、国内外問わず移動には専用車、宿泊は一流ホテル、訪問先もピカピカの本社ばかりだったのでしょう。

北欧の美しい街であるストックホルムの夜明けは道路中にゴミが散乱していました。前日が清掃組合の休日だからで、毎週月曜日の朝はその様です(数年前のことですから、最近はどうでしょうか)。

正月休みの後などは銀座や新宿などの都心もゴミがあふれています。清掃作業も年末年始は休むからです。石原都知事が、ゴミ収集は深夜に行ってはという提案をしていましたが、確かに日中に清掃車両が道路を走る姿を見るのは美しいとはいえません。綺麗な街は、税金によるメンテナンスによって保たれているのです(最近は筆者の町では休日にもゴミの収集を行うようになりました)。

年度末になると、環境分野でも欧州調査団が増えます。メンバー構成はいろいろですが、一様に路上のゴミ箱の写真を撮ってきます。欧州ではゴミをこんなにきちんと分別していますという報告書になるのです。もちろん、見てきたのですから事実です。昨年見たシカゴやボストンの空港でも分別用ゴミ箱が設置されていました。世界の常識になっているのでしょう。しかし、ドイツでもオーストリアでも、郊外の工業地域の周辺の草むらに行けば、立派に?不法投棄や路上放置のゴミを見かけます。

中国のリサイクル事情も見る人によって極端に評価が分かれます。沿岸部にある最新の巨大リサイクル施設を見た人は、中国は日本よりも進んでいるといい、劣悪な処理風景だけを見てきた人は電子ゴミ（E-waste）が氾濫していると報告します。どちらも「実際に見た事実」ですから正しいのです。しかしそれで中国全体を評価することは間違いでしょう。「中国は沿岸部だけで日本全体が5つや6つ入る国だから、進んでいる部分を見るべきで、遅れている部分を含む統計比率で判断すると誤るよ」という識者の意見も思い出します。

旅行をして良い印象を持つ基準は、公衆トイレにあるといいます。数年前まで日本の駅と公園のトイレは3K（汚い、臭い、怖い）の代名詞でした。最近日本の駅のトイレが昔と比べて格段に綺麗になりました。なぜ、一流ホテルやデパートのトイレ

全館空調防塵設備の整った冷蔵庫（上）とエアコン（下）のリサイクルライン
写真提供：（株）ハイパーサイクルシステムズ

は綺麗なのでしょうか。理由は簡単です。掃除の頻度が高いからです。「ここは10時15分に○○が清掃いたしました」と表示されているトイレもあります。

駅のトイレが綺麗になった理由も、トイレットペーパーを常備するなどの設備だけでなく、清掃頻度を増やしたからなのです。民営化の効果でしょうか、清掃員も制服に名札を着用して仕事に誇りを持っているようです。当然、費用がかかります。費用は、鉄道利用者が乗車賃の内部のお金で負担しているからなのでしょう。このことは良い環境を求めるには費用がかかることを示しています。自然のまま放置するのでは決して良い環境は得られないのです。

さて、見られるといえば、会社にとって見学者を受け入れることは、実は大変なことなのです。外部の人を工場の中に入れるためには、「説明員」「説明資料」「説明会場」の準備だけでなく、何よりも安全対策が必要です。昔から製鉄所や発電所など公的色彩の強い会社、ビール醸造会社や家電メーカーなど、消費者に直結する業種では見学を積極的に受け入れています。見学対応の専門部署を設け、工場内に見学コースを設置している場合が多いようです。見学者を受け入れてもすぐに利益に繋がるわけでもありませんが、長い眼で見れば、理解者と顧客を増やすことになるのです。

見られることによって工場も綺麗になり、情報公開の基本にもなります。「同業者お断り」「写真撮影お断り」というのもごく一般的ですが、これは見学する側のエチケットの問題でしょう。ノウハウなどの流出を心配して見学を一切受け入れない最新鋭工場もありますが、逆に損をしていると思います。最新鋭工場であればなおさら、初めからノウハウの漏れない見学コースを考えておくべきでしょう。

日本の多くの家電リサイクルプラントや各地のエコタウンは、毎年数万人を超える国内外の見学者を受け入れています。小学校の授業に取り入れている地域もあります。

リサイクルプラントの場合は施設への理解だけではなく、環境に関する消費者への普及啓発にもなっています。「こんなにすごい設備を使って大勢の人が丁寧に分解していることを初めて知りました。リサイクルに費用がかかるのは当然ですね」。

見学者から聞く最も嬉しい感想だそうです。こうして環境への理解者が増えているのです。「百聞は一見に如かず」です。そして見せることは一番の広報・宣伝になるのです。

韓国のリサイクルプラントもショウルーム
（韓国龍仁市にある家電リサイクルの管理棟）

19　情報はタダ？

２００８年７月24日

駅のゴミ箱や電車の網棚から、新聞や雑誌を回収している人がいます。最近は本格的な回収袋を持って、明らかに回収を生業にしている人々を見かけるようになりました。かなり組織化されているようで、回収された新聞や雑誌の袋を駅の片隅で現金で買い取っている親分風の姿も見受けます。集めた新聞や雑誌を再販売することが目的ではなく、紙のマテリアルリサイクルが目的の場合もあるのでしょう。実態は不明ですが、古い雑誌を広場や路上で販売している情景は、日本だけでなく欧州やアメリカでも見かけます。いずれにしても廃棄物の有効利用なのです。暴力団の資金源という人もいますが、通行人や乗客に迷惑にならなければよいことだと思うのです。

しかし、立派な身なりをした紳士風？の人が通勤途中で、ゴミ箱から真剣に新聞や雑誌を漁って、それを読む姿を見かけると無性に悲しくなります。

わずか、１００円程度の新聞や数百円の漫画本を買わずに、拾ってタダ読みするのです。新聞や雑誌は、掲載記事や漫画を情報という著作物として有価で販売しているのです。

スクープに職業意識を燃やしている報道機関では、朝刊は夕方になればまさに古新聞で、紙くず同然でしょう。「いいじゃないか。どうせ捨てられたものなのだから拾って読んだって」

という声が聞こえて来ます。恐らく「捨てたらゴミ」であり、そこに掲載されている著作料も最初に購入した人が支払っていますから、同時に「廃棄」されたとみなされるのでしょう。落ちている物を拾って食べることはしないけれど、情報はゴミ箱から拾って読むのでは、身なりは立派でも乞食と同じです。

アメリカでの冗談として、友人の弁護士に電話で愚痴を言ったら、しばらくしてから相談料として請求書が来たという話があります。その場合は、逆に「愚痴」という情報提供料金を弁護士に請求したらよいのかもしれません。最近は「著作権」の考え方が常識になって、書物の無断引用が犯罪であることが広く知られるようになってきました。他方、Ｗｅｂなどで、いろいろな情報が「無料」で即座に入手できるようになっています。

しかし、環境に関する情報は「眉に唾をつけて」、少し時間を置いてから見直した方が良い場合がたくさんあります。数年前ですが、「テレビからダイオキシン！」という新聞記事が朝刊に載りました。正しくは「テレビに溜まった埃から」なのですが、テレビからダイオキシンが出るような錯覚をします。「所沢の葉っぱものからダイオキシン！」も視聴率稼ぎのテレビタレントの恣意

テロ防止用透明ゴミ箱
（この中の情報は無料ですが）

的な誤報でした。人のうわさも75日ですが、「ダイオキシンは猛毒」という印象は、今でも生きているようです。今頃になって、「塩ビは廃棄時に有害物質が出る懸念があり」としてデジタル家電新製品の内部配線をポリエチレンなどの代替素材にすると発表した会社もあります。「環境で儲かるなら何でもやれ」という経営者の顔と、真実を知っている環境担当部門の渋い顔が目に浮かびます。

ある大学で学生に、「環境に関する情報で新聞情報を鵜呑みにすることは危険です。最低限複数の新聞を見比べることが必要です」と言ったら、先輩の先生から「上野さん、心配は不要です。学生は新聞なんて読んでいませんよ」と言われました。

最近は情報を得るために図書館に通うなんて面倒なことはせず、Webで検索すれば知識はすぐに手に入り、カット&ペーストでレポートも簡単にできるようです。リベラルアーツといって教養学が再評価されているようですが、情報がタダで手に入る現代では、逆に物理、化学、数学、そして哲学など、浮世離れした基礎科学をみっちり学んだ学生が必要なのではないでしょうか。40年前に流行った「未来学」の予測は、結局すべて外れましたからね。

今一番ホットな話題は、石油埋蔵量のデータ情報を基にした石油ピーク論や温暖化対策論です。石油のデータはかなり高価で販売されているようですが、同じ情報を基にしながら、「石油楽観論」と「石油悲観論」の2派があるそうです。自費で購入したデータを使用して論戦を張るならまだ許せるのですが、大半の議論の根拠は孫引きの無料情報からではと思います。ノンフィクション作家の立花隆氏は、「確認埋蔵量、究極埋蔵量、発見量、コスト等々、石油の可採年数に関わる基礎データの数値はいずれも曖昧である。立場によっていかようにでも変化する。……それは自然科学的物理データではない。……きわめて心理的かつ政治的な数値（現在値も予測値も）なのである」（週刊文春2008年7月3日号『私の読書日記』から引用）と述べていますが、鉱物や石油資源の可採データは実験室で再現できるものではありませんので、全くそのとおりであると思います。

石油といえば、石油由来プラスチックですが、プラスチックの製造残存寿命も当然ながら石油の可採年数とともにあるのでしょう。塩ビは、オレフィン系プラスチックの半分しか石油を使わないので、塩ビの製造残存寿命も通常のプラスチックの2倍と算定してよいのでしょうか。これは塩ビ工業・環境協会の皆さんに計算していただきたいものです。もっとも情報が曖昧では計算しても無意味でしょうが。

20　28℃の偽善

2008年8月28日

クールビズが始まったのは、2005年でした。最近では、電車でもオフィスでも、背広は着ていてもノーネクタイ姿は定着したようです。夏季の女性の服装と男性の服装はあまりにもアンバランスでした。男性のクールビズを徹底するならノーネクタイだけでなく、半ズボンに開襟シャツも推進すべきでしょう。筆者の子供の頃は真っ白の麻のズボンに開襟シャツの紳士がたくさんいましたが、今は誰も着ていません。海上自衛隊の防暑服はキリッとして快適そうです。

最近は開襟シャツも販売されているようですが、普及するとサマースーツやネクタイがますます不要になるのでアパレル業界は熱心ではないようです。

地球温暖化が話題になるかなり以前から、民間会社の工場では夏季の電力会社へのピークカット協力として、工場の夏季休業期間をシフトし、冷房温度を２８℃に設定する運動は始まっていました。

今では、クールビズと冷房設定温度の２８℃は日本全国に定着したかのようです。それを厳密に実行している地域があります。それが霞ヶ関の官庁街です。東京都庁や横浜市庁舎もそうです(筆者の体験した役所だけで、その他は知りませんが)。特に経済産業省や環境省は温暖化対策の元締め官庁ですから、ビルに入るとムーッとします。昼休みの消灯と相まって、陰気で不快です。

確かに、冷房病対策のため真夏に毛布を膝にかけ襟巻きをして執務をするのは異常です。しかし、昼休みに消灯した暗闇の中で、蛍光灯スタンドをつけて机の下の扇風機を回して、執務

設定は 28℃でも机の上は

をしているのも同じように異常です。最近は、冷房設定温度ではなく、温度計で執務机周辺の温度を計測する部隊もいるようです。執務机周辺の温度を２８℃にするには恐らく冷房吹出し温度は２５℃くらいが必要でしょう。地球温暖化対策のため、役人は３０℃くらいの所で働くのは当たり前だというマスコミの声が聞こえてきそうです。

霞ヶ関の役人は、税金で働く日本のシンクタンクであり、頭脳労働者です。マスコミやＮＰＯの目を意識したパフォーマンスで、労働効率が下がることは困ります。

民間会社は、そんなことはしていません。もちろん、節約は徹底しています。工場に行けばすべての照明にはプルスイッチがついていますし、たった１人のために全館冷房するようなことはしません。最近のオフィスでは部屋別冷暖房も当たり前になっています。最近のリサイクル工場では、作業者のために全館冷房の解体ラインや、それが不可能な場所には人がいる所だけを冷やすスポットクーラーが設置されています。作業環境が良くなれば効率も上がりミスも減り、何よりも安全操業ができるからです。汗にまみれて働く時代ではありません。そのためには設備投資も必要です。

霞ヶ関の高層ビルは、窓を開け、すだれを垂らし、打ち水ができるような構造ではありません。頭脳労働には、快適な環境が必要です。ノーネクタイが普及したのは、温暖化防止のためではなく、楽だから

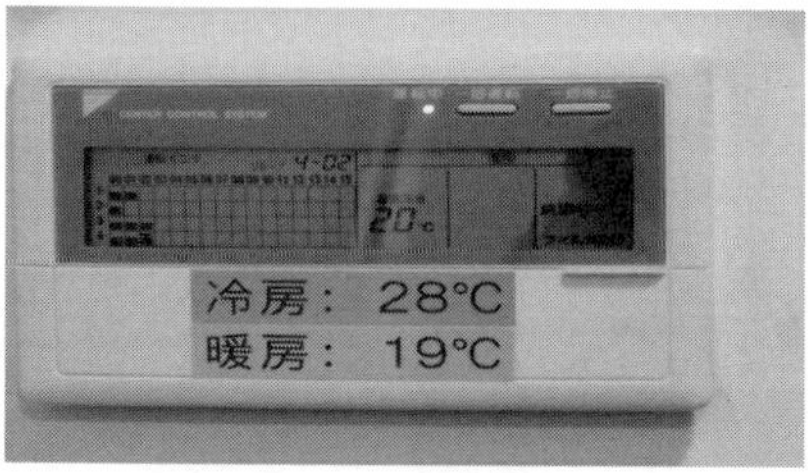

オフィスの設定温度

です。しかし、霞ヶ関の異常な暑さはノーネクタイどころか、下着で執務をしない限り対応できません。

東南アジアでは、キンキンに冷えたホテルやデパートがあります。それは行き過ぎですが、快適な環境を確保することは必要なことだと思います。28℃で快適なのは、十分な空間と、適度な換気と、リラックスした服装の組合せがあってのことです。さらに付け加えれば、ストレスの無い楽しい職場です。海の家なら別ですが、そんな条件はありえない霞ヶ関や会社のオフィスでは25℃程度が最適なのではないでしょうか。多くの民間会社では、28℃の設定をしても、不思議なことに実際の執務室は25℃を保っているようです。

ようやく勇気ある科学的な調査結果が日本建築学会から発表されました。早稲田大学の田辺教授の調査チームの報告です。室内温度が25℃から1℃上がるごとに、作業効率が2%ずつ低下するとのことです。そして3～6席に1台の大型扇風機を運転すれば体感温度が下がって、能率は維持されるそうです。窓の開かない高層ビルや集中冷暖房設備を変更せずに、冷房温度だけを28℃に設定するのは非科学的と言えそうです。皆さんのオフィスやご家庭の本当の室温は何℃でしょうか。

21　今日も、暇です

２００８年１０月２日

「スケジュールが一杯でね」「いやー超多忙で、毎日遅いんですよ」。日本人の挨拶言葉は、「お元気ですか？（How are you?）」ではなく、「お忙しいですか」なのです。若い人から年寄りまで、皆忙しそうです。本当にお気の毒です。「暇そうですね」と言われると、本気で怒る人もいます。ある人から「暇って言うと損しますよ。頼む方も忙しい人に頼んで、やっと何かを引き受けてもらったことが手柄になるのですから」と注意をされました。なるほど！「暇ですから」なんて言われて引き受けられたら、立つ瀬が無いのだろうと思いました。

忙しい人は有能なので、仕事がますます殺到するから、ますます忙しくなる、という真実もあるようです。ある会社で新製品を開発したいから、「人も金も時間も希望するだけ使用していいから、好きなことをやってみろ」と言われ、結局、成果が出なかったことがありました。新製品も忙しい部門の忙しい人から生まれるようです。

「暇になることへの恐怖」「暇な人への軽蔑」「仕事ができない人は暇」という先入観があるのです。「定年になって暇になったら俳句や盆栽でも作りますよ」、こんな失礼なことを言う人もいます。暇になってから急に俳句や盆栽を始めて成功するわけがありません。永い間苦労して研鑽してようやく一人前になるのです。

昔、いつも険しい顔をして忙しそうな課長がいました。同僚はその上司の顔色を見て手が空きそうな時期を狙って報告に行くのですが、そんな時間は終電近くに決まっています。すると、「また君は帰り際に仕事を持ってくる」と言って叱られるのです。有能な課長でしたが、怖くて人が寄りつきませんでした。筆者が会社時代に最後に仕えた上司は、本当は超多忙なのに、話しかけてもいやな顔をしたことがありませんでした。その人は、今では役員になっています。忙しくても「暇ですよ」と言える人が本当に能力のある人だと思います。

もちろん、物理的に日程が詰まることはあるでしょう。でもそんなに忙しかったら新しい情報を得て、勉強して自己の能力を開発する時間もありません。自己の向上がなければ、それは結局、所属する会社や組織のためにもならないのです。

暇な時間は、年代によっても、地位によっても、職種によっても異なることは言うまでもないことですが、やはり積分値で20％程度の自由時間をいつも持っていることが必要ではないでしょうか。本当は8時間寝て、8時間働いて、8時間の暇な充電時間があるはずなのですから。

サマータイム導入の議論が始まりました。昔から出ては消えた議論ですが、今回は何しろ地球温暖化対策の手段としての政策ですから、かなり現実味があります。しかし、省エネの効果をきちんと証明すべきだとか、睡眠障害の恐れがあるとか、労働強化になるなどの議論がかしましくなっています。

サマータイムの詳しい歴史は知りませんが、省エネなど全く話題にならなかった頃から緯度の高い地方では導入されていました。海外に出かける時などは、「今は夏時間だからね」と言って時計を進めるのがなんとなくうらやましく感じました。高緯度地方では省エネが目的ではなく、日照時間を有効に使いたいのと、夕方以降の時間を余暇に活用するのが目的であり、現在もそれは変わらないのです。

夕方の5時になったら（本当は4時）、「今夕は暇ですか」と誘い合って、美術館や音楽会、スポーツジムなどに仲間や家族が集まるのが趣旨です。

20年前、初めて行ったアメリカの首都ワシントンでのことです。時差のおかげで朝の4時頃から眠れなくなってホテルの部屋から外を見ていたら、ビルの窓に明かりがついていてもう働いている人がいました。エリートほど朝早く来て夕方にはさっさと帰宅するのだと聞きびっくりしました。

さて、今の日本は新しい制度には必ず反対する勢力がいますから、サマータイム制度もなかなか導入は難しいのではないかと思います。日照時間対策であれば、皆が涼しい北国と思っている北海道ですら、欧州やカナダから見れば南国ですから、九州沖縄の人々には迷惑な制度かもしれません。筆者自身は、朝の活動が早まることには異存ありませんし、何よりも夕方以降の時間が長くなり、「暇な時間」が増えることには大賛成です。「サマータイムになったので、照明を点けなくても残業ができて省エネになる」なんて考えるようなら、本末転倒ですが。

22 食べ物を電子機器に使うな

2008年10月23日

洞爺湖サミットのディナーで16種類ものメニューでディナーを楽しんだG8首脳が、アフリカ食料危機について話し合ったのは茶番だ、との報道がありました。この手の論陣を張るマスコミには、そういうあなたは昨夜何を食べましたか?と質問したくなります。

まさに、骨と皮になったアフリカの子ども達の映像が出てくる中で、丸々太ったアフリカ首脳が大勢の随行員を連れてファーストクラスの航空機で来日し、高級車でサミット会場に乗り込む姿を映像で見ますと、警備上の理由でというのが共通の言い訳ですが、1枚のビスケットが子どもの命を救う、なんていうポスターが白々しく見えます。私達の税金からアフリカに援助しても、あの人たちの脂肪を厚くするだけなのでは、と考えてしまいます。

バイオ燃料がブームになり始めた2007年2月、衆議院調査局でもったいない学会会長の石井吉徳先生は「食べものを車に奪われてよいのか」と報告しています。そして、2008年の7月16日にOECD(経済開発協力機構)は、バイオ燃料の利用促進政策の見直しを求める報告書を出しました。石井先生の主張と同じ内容です。日本のバイオ政策はトウモロコシなどの食料からではなく、茎や海藻からエタノールを得るという作戦です。研究は大いに進めるべきですが、実用する前にLCAによる科学的な評価が必要です。

さて、今回の話題は、植物由来プラスチックです。植物由来プラスチックを照明器具、パソコンや携帯電話に使用する事例が増えています。「カーボンニュートラルなので環境に優しい電子機器」の誕生と宣伝しています。電気電子機器だけでなく、自動車のマットなどにも使用され、「環境に優しいプラスチック」と宣伝しています。自動車の場合はケナフなどの非食用繊維からのプラスチックのようですが、それなら布製や塩ビ製のマットの方がはるかに環境に良いと思います。

筆者は、以前から石井先生の真似をして、「食べ物を電子機器に奪われてよいのか」と言っています。しかし筆者の理由は、「飢餓のため」だけではありません。植物由来プラスチックが「リサイクルを阻害する」からなのです。

プラスチックに詳しい読者には釈迦に説法ですが、「生分解性プラスチック」と「植物由来プラスチック」とは全く異なります。「生分解性プラスチック」に「石油由来プラスチック」を混合して、衝撃値などの機械的な特性を上げたのが「植物由来プラスチック」です。

バイオ燃料は、使用されれば消えてしまうのに対し、「植物由来プラスチック」は使用済みになっても分解されて土に戻るわけではありません。日本が世界に先駆けて実現している、プラスチックの水平型自己循環（最近は「水平リサイクル」と言われていますが）のシステムを破壊するのです。理由は簡単です。リサイクルプラントで回収されている大量の石油由来プラスチック（ポロプロピレン、ポリスチレン、ポリエチレン、ABSそして塩ビなど）に植物由来プラスチックが混じりますと、石油由来プラスチックにとって可能な高品質の水平リサイクル

リサイクル可能とは？

	植物由来プラスチック	備　考
材質表示マーク	あり	リサイクル現場での判読は不可能
比重分別	1.17 ～ 1.25	塩ビとの判別は不可能
静電分別	実験室では可能	自動分別は困難
赤外分光判別		
再生材への混入	混入する	混入すれば，素材自己循環が不可能

が不可能になります。

幸い、植物由来プラスチックの使用量はまだ少ないので、リサイクルプラントで回収される懸念はないのですが、外観だけでは植物由来プラスチックと石油由来プラスチックの区別はつきません。すべてを植物由来プラスチックにするならまだいいのですが、大型製品の中に部分的に植物由来プラスチックを採用されたらリサイクルはお手上げです。比重もきわめて似ているため比重選別も困難です。仮に植物由来プラスチックに識別のための小さなマークをつけたとしても、概観を塗装されたら区別することは不可能です。

植物由来プラスチックは、プラスチック全体から見たらごくわずかな量かもしれません。しかし、わずかな量でもリサイクルシステムが破壊されるのです。ジェット機のエンジンが、わずか1本の小さな虫ピンで止まるのと同じです。小さなエコ商品が、大きなエコシステムを壊す懸念があることを忘れてはいけません。

塩ビ工業・環境協会の会員企業では、植物由来プラスチックも生産されているかもしれません。「環境に優しい」という植物由来プラスチックが、せっかく構築したリサイクルシステムまで破壊しようとしているのです。植物由来プラスチックそのものが悪いのではありませんが、それを混在して使用する組立て産業の責任は大きいと思います。唯一の解決策は、植物由来プラスチックを使用した組立て産業の会社が自社製品を自社の工場に回収することです。

リースやレンタルシステムが中心のコピー機などの産業では、自社製品だけを自社でリサイクルするクローズドリサイクルを実現しているため、それが可能です。そして実際に実行しています。しかし不特定多数の消費者を対象にする売切り型製品となると、すべての製品を自社引取りにすることが可能でしょうか。とても「そんなことできないよ!」、それならリサイクルを阻害する無責任な使用促進はやめることです。もちろん、食料を電子機器に使うことも良くありません。

23　環境報告書の変遷と未来

2008年11月27日

数年前から、ほとんどの「環境報告書」が「社会環境報告書」へと名前が変わりました。環境だけでなく、企業の社会的責任（CSR :Corporate Social Responsibility）として、自社の福利厚生施策や、労働安全、社会貢献活動の報告も含めるようになったからです。

環境報告書が日本で刊行され始めたのは、１９９８年頃でした。環境省によれば、２００６年度の発行数は９３３社とのことですが、独立行政法人や国立大学法人などにも発行を義務づけた環境配慮促進法が２００５年4月に施行されて、その数はさらに増えていると思います。

さて、皆さんは自社や他社の社会環境報告書を読んだことがありますか。最近はＷｅｂ公開が多いので印刷部数も多少は制限しているようですが、営業マンに聞くと客先に出かけた時、挨拶代わりに配るのに便利とも言います。グローバル企業ともなると、日本語版に加えて、英語版、中国語版の作成は常識のようです。もちろん、進呈されるとその場では「パラパラ」とめくって、「すばらしいですね」などと感想を述べますが、その道の専門家以外は熟読することはめったにないのではないでしょうか。投資家は、企業の決算書、損益計算書、連結貸借対照表などの財務諸表は穴の開くほど読むそうですが、社会的責任投資（ＳＲＩ:Socially Responsible Investment）の専門家は、社会環境報告書にも目を通すのかもしれません。

環境報告書の作成は3月の決算（１２月決算の大企業もありますが）が終わり、各事業所のデータが集約できる頃から繁忙のピークを迎えます。そして、可能なら6月の株主総会前に発行するのが環境部門の心意気だったのですが、最近は大半の報告書が夏から秋にかけて発行されるようになりました。ネガティブ情報も入れないと評価されないし、そうなると環境報告書が株主総会で余計な質問を呼ぶ資料にもなるからです。

年々内容は充実しているのでしょうが、筆者にはどうも豪華さと同時に空虚になっているように思えます。それは報告書の読者を「ステークホルダー全体」と広くしていることと、作成者があまりにも「プロ」になってしまったからです。環境報告書のコンテストが行われることも、その元凶です。コンテストは普及促進の手段としては有効ですが、ランキングづけだけが目的になると弊害が大きくなります。環境報告書作成のコンサルタント会社や、作成そのものを請け負う環境ビジネスが誕生してしまったのです。第三者認証の必要性を声高に要求する市民団体がいるからでしょうか、環境報告書に第三者認証や有識者の意見を載せることも一般化しています。第三者認証のためには、新たに数百万円の支出が必要です。

企業は業績や景気が悪くなれば、交際費、設備投資、宣伝費、場合によっては人件費まで削減しますが、環境報告書の作成経費は削りません。なにしろ、ページのトップを社長や会長の写真と挨拶で始めるので

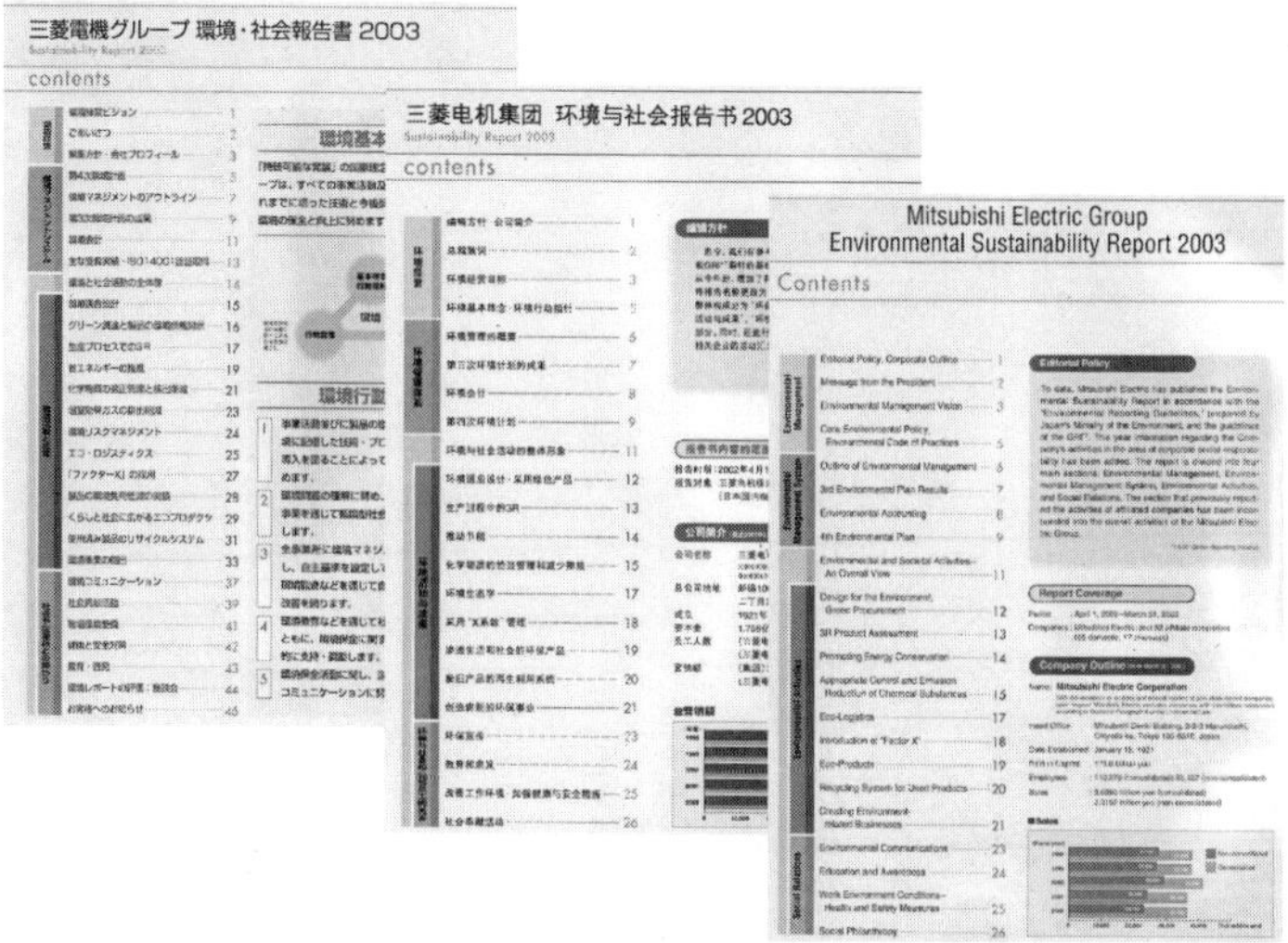

各国語（日，中，英）で刊行される環境白書
（最近は Web で公開することが多くなったオフィスの設定温度）

すから、各社ともお金をかけます。コンテストで賞を取れば、翌年からなおさら後には引けません。

数年前ですが、立派な環境報告を出した直後に、その企業にデータ隠しの不祥事が発覚したことがありました。さすがに環境報告書の中でその企業を絶賛した顔写真入の学識経験者は、「私は報告書の内容のみにコメントしたので、企業の実態を調べたわけではありません」と言い訳をしていましたが、第三者認証機関はその企業の内部監査をしたわけでもなく、責任をとるわけでもありません。環境報告書作成に必要なすべての費用は、最終的に消費者が負担していることを認識すべきでしょう。

ドイツ系のある小さな会社の環境報告書を見ました。白黒印刷のワープロで作成した10ページほどの薄い冊子でした。淡々とデータだけが並ぶ中で、製品のLCAを丁寧に公表していました。もちろん第三者認証もありません。恐らくこの報告書はコンテストなどには出さないでしょうし、環境省の統計にもカウントされていないでしょう。発行数はわずか600部で、事業所の近隣に配布するだけとのことでした。担当者は恐縮していましたが、こんな地味な環境報告書こそが、もっと普及すべきと考えます。

皆さんの会社の環境報告書はどのくらい豪華で立派ですか。　出していない？　それは困りますが。

24　EPRの誤解

２００９年２月１２日

環境分野に関わる人々にとって欠かせない略語がＥＰＲ（拡大生産者責任：Extended Producer Responsibility）です。ＥＰＲは、１９９４年に経済開発協力機構ＯＥＣＤ：Organization for Economic Cooperation and Development）から提唱された理念です。日本ではこれを「拡大製造者責任」と呼んでいました。その後、「製造者」から「生産者」に修正されて「拡大生産者責任」という日本語が定着しました。「生産者」には工業だけでなく農林漁業、畜産業などあらゆる業種が含まれると解釈できるようにしたのでしょう。

２００１年3月に（財）クリーンジャパンセンターから、『拡大生産者責任―政府向けガイダンスマニュアル』の翻訳版が公開されています。用語の意味や背景が忠実に訳された優れた資料です。しかし、多くの人はこの訳本を読まずに（もちろん原文も）、「拡大生産者責任」という言葉だけを使用します。

外国語の日本語訳は、つくづく難しいと思います。Performance（パフォーマンス）、Implementation（インプレメンテーション）なども環境分野ではよく使われますが、翻訳の難しい用語です。廃棄物管理で使われるManifest（マニフェスト）と政権公約のManifesto（マニフェスト）とは日本語は同じでも全く意味が異なります。

大学で、「拡大生産者責任」を英語に翻訳してくださいという演習をしたことがあります。電子辞書を引きながらExpanded Manufactures Liabilityと訳しますと、英語的には正解です。しかし決して、Extended Producer Responsibilityの英語には戻りません。つまり「拡大生産者責任」という日本語が、誤解を招いていることがわかります。

ＯＥＣＤが提案した原文では、「Responsibilityとは何を意味するか」、「Producerとは誰か」などを丁寧に説明しています。Shared Responsibility(共有責任)という言葉も使われています。つまり、素材調達から製造、使用、廃棄に至るまで、それぞれの当事者が「役割を分担して」対応をしてほしいとの意図であったのです。

恐らく、ProducerはProducts(製品)を作る人の意味で、「生産者」と訳したのでしょう。Producerとは Produceする人、つまり、作品や番組の製作者でもあり、お店や展示を企画する人、政策を立案実行する役人も含まれます。それらを勘案すると、「当事者」という適切な用語があります。「生産者」では、「消費者」や「自治体」など製品に関連する多くの部門が抜けてしまいます。

Responsibilityには確かに「責任」という意味がありますが、この場合は、法的な責任を意味するLiabilityとは異なり、道義的な責任の方が適切です。Responsibilityを単純に「責任」と訳すと意味が異なります。Responsibleには「反応する」「対応する」という柔らかい用語がありま す。ＥＰＲは、「拡大当事者対応」とでも訳すべきであったのではないでしょうか。

もちろん、製品を設計製造した生産者が素材調達から廃棄方法に至るまで、最も多くの技術

EPRの範囲

素材・調達段階	設計・生産段階	流通・使用段階	廃棄・処理段階
	従来の生産者・流通業者の責任範囲		自治体の責任範囲
←········LCAの考え方がすべての産業に求められる········→			

情報を持っているのですから、製品の情報開示をはじめとして、多くの重要な対応が求められることは当然です。そのことは原文にも明記されています。しかし、素材を供給する川上産業も、部品やコンポーネントを提供する川中産業も、製品を使用する消費者も、廃棄処理を担当する自治体も役割に応じた応分の対応を分担することが必要なのです。

役割分担の中でも、環境適合設計（DｆE :Design for Environment）は、製品設計を担当する生産者しか対応できない分野です。しかし、欧州でもアジアでも、新しい廃棄物処理のスキームでは生産者にお金を出させることのみに重点が置かれ、生産者に対するDｆEへのインセンティブが消えてしまいつつあります。お隣の韓国で最近改定された電気電子製品及び自動車の資源循環に関する法律は、「EPR法」と呼ばれています。中国、台湾、タイのWEEE規制（廃電気電子規制）も基本的に欧州WEEE指令と同じ考え方で、EPRを製造業の責任として資金の拠出を要求し、DｆEへのインセンティブはありません。

欧州WEEE指令の見直し報告では、欧州の電気電子機器メーカーにDｆEの成果がほとんど得られなかったため、欧州エコデザイン指令（EuP:A framework for Eco-design of Energy Using Products）など製品設計の規制の中で取り上げるようになりました。最近の世界の生産者は、「EPRとは廃棄物処理の金を出すことなのだろう。ＤｆＥとは別の問題だ」と、開き直ってさえいるようです。

「拡大生産者責任」という訳語によって、生産者に、お金さえ負担させればよいという考え方が日本でも広まっています。中央官庁も、自治体も、消費者も、すべて生産者にお金を要求します。生産者にお金を出させるのは、実は最も安易で簡単な方法なのです。製品の価格にすべての費用が含まれることになります。見えないお金になって、消費者に負担を転嫁させることが可能だからです。廃棄物処理業者は、安定的にお金が入ってきますから大歓迎です。政府や自治体は税金を使わなくて済みますが、それによって所得税や住民税が安くなったという話は聞いたことがありません。納税者である消費者が一番損をしているのです。

日本の家電リサイクル法は、世界で初めて生産者自身にリサイクルを義務づけた結果、家電メーカーによる自主的なＤｆＥが進んでいます。今のところ世界で唯一のＥＰＲ本来の目的を実現したスキームです。しかし本来の理念を忘れて、資金提供だけを求める風潮が進むと将来はどうなるか心配です。

さて、生産者の中でも組立て産業にプラスチックや金属を供給する素材産業に従事される皆さんは、拡大生産者責任をどのように捉えておられますか。

25　環境と虚業ビジネス

2009年4月2日

2008年9月のリーマンショックによる経済危機が、現在も世界を震撼させています。しかし、世界企業ランキングを見ますと、個別企業名の消長はあるものの、上位を占めているのは金融、石油、自動車の御三家で、変化はありません。素材も電気電子も、そして世界の政治も、これらの巨大産業界に支配されていたことがわかります。日本では製造業を重視して、金融や保険などの仕事を軽視する風潮がありました。物を作らない人々が高い収入を得て贅沢な暮らしをし、政界にも影響を及ぼすことへの反発です。今後の世界企業ランキングがどう変化していくのか興味が高まります。

ソフトウエアやサービス業など、第三次産業へのシフトを推奨する風潮が日本でも高まっています。最近は、ひたすらものづくりに励む姿が若者には受け入れられなくなっています。大学の工学部でも、電気、機械、素材などの基礎工学部門の人気は下がる一方でした。2008年にはサービス工学研究センターが、独立行政法人の産業技術総合研究所に新設されました。第三次産業が科学的に研究され躍進することは、先進国の証拠でもあるようですから、それは歓迎することなのかもしれません。

最近、進出著しいのが認証ビジネスです。昔から企業や団体の経理については、第三者による監査が行われ、公認会計士など権威ある資格者によって信用が保障されていました。ビルの構造計算も素人では判定できませんので、指定確認検査機関が建築基準法に基づき建築確認の認証をしています。企業の優良度合いを示す格付け会社も、アメリカ発の認証ビジネスの範疇です。いずれも無条件では信用できないことがわかりました。

民間規格であるＩＳＯの環境規格や品質規格を、民間の認証機関が行うのは当然かもしれません。環境審査員の資格は、筆記試験や実務経験を含む厳密な要件を満たさなければ、得られません。だからこそ信用できるのですが、環境ラベル、環境報告書、ＬＣＡなどの分野での認証ビジネスも増えています。一般市民からすれば、「自己宣言」などと言われても、見つからなければ平気で嘘をつく企業が続出する現状では、信用できる第三者による認証が欲しくなるのも当然です。

問題は、その認証機関が信用できるかどうかです。企業も、数百万円払えば認証が得られ、社会的信用が得られて売上げ増加になるのであるならば安いものだと考えるのです。ここ数年、ＩＳＯ規格の認証を得た「立派な会社」の不祥事が続きました。ＩＳＯ規格の認証は、その会社の製品や経営者を保証したわけではないのですが、一般の人は製品や経営者まで認証を得たものと勘違いします。

もうひとつの分野が手数料ビジネスです。電話の通話料金、銀行の振込み料金、役所での証明書発行料金などは、古くからある典型的な手数料です。有名な家電リサイクル料金にも、リサイクルプラントが必要とする処理料金だけでなく、全国に構築されている家電リサイクル券システムを維持するための手数料が入っています。いずれも、手数料が無ければ制度が成り立たないのです。

アメリカは金融分野でのサブプライムローンをはじめ、多数の手数料ビジネスを発明しました。そして、欧州は環境に関する手数料ビジネスの発生地です。最近、欧州で運用が開始されたREACH規制（リーチ法 :Registration, Evaluation, Authorization and Restriction of Chemicals）の登録は、環境に関する手数料ビジネスです。このおかげで、フィンランドの拠点には3000人の新たな雇用が生まれています。カーボンフットプリントや環境ラベルの登録料は、認証ビジネスだと言われるかもしれませんが、手数料ビジネスとの区別は曖昧です。

数年前から、工場などの製造事業所だけでなく、本社や営業所などの事務部門や大学、自治体などもISO14001の認証を得ることが流行ってきました。

日本だけではなく、タイの多くの大学でもISO14001の認証を得ているとのことでした。タイの若い大学講師に「何の目的で大学が認証を得るのですか」と意地悪質問をしたところ、「私たちの大学では、毎年学生を社会に送り出しています。その学生の品質を保証するために認証を得ているのです」との答が返ってきました。

大学の工学部や医学部では、危険な化学物質の取扱いや、保管、廃棄処理に無神経では困りますし、電気や紙の無駄使いだけでなく、遵法も重要なことなので、環境監査の意義があると思っていましたが、タイの大学の先生の答には意表を突かれました。

日本なら「学生を製品扱いしている」と非難されるかもしれませんが、責任感のある率直で真摯な言葉でした。利益を目標としない大学や自治体でも無駄は削減すべきですが、遵法や学生の質、住民サービスへの意識の存在などこそ、認証の重点対象にすべきだと思いました。

どうやら、しばらくは経済危機が継続するようです。虚業ビジネスというと悪いイメージですが、欧州は環境分野で認証ビジネスと手数料ビジネスを巧妙に創生しています。誰もが従わざるを得ないので、経済危機にも強いビジネスです。

この機会にこそ、高度化された社会システムを維持するために、本当に必要で不可欠な手数料ビジネスや認証ビジネスを峻別することが重要です。

26 地球語

2009年4月2日

2008年の新聞に、中国で中国版「地球語」作りに励んでいる元英語教師の話が紹介されていました。本来の地球語 (Earth Language) は、マクファーランド佳子女史によって提案された視覚言語のようですが、中国人も外国語には苦労していることがわかります。

国際連合の公用語は英語、フランス語、ロシア語、スペイン語、中国語、そしてアラビア語の6つの言語です。アラビア語は、戦勝国以外で唯一後から国連公用語に追加されました。2009年時点で、日本の国連分担金はアメリカの22%についで16・6%で、他国を圧倒しています（3位ドイツ8・6%、4位英国6・6%、5位フランス6・3%、イタリア5・1%、カナダ3%、常任理事国の中国は2・7%で9位です）が、残念ながら国連以外の世界の機関でも、日本語は公用語として認められていません。国連以外の国際機関でも圧倒的に多い公用語は英語とフランス語です。先ほど戦勝国と書きましたが、普段話されている世界の言語別人口で言えば、中国語8億人、スペイン語3億人、英語4億人、アラビア語2億6千万人、しかし日本語は1億2千万人ですから、公用語に採用されないのはやむをえないことかもしれません。

国際連合の上級職員に日本人が少ないのは、採用条件である「最低2ヵ国語の公用語が堪能である人」が少ないからとも言われています。たしかに身の周りにも2ヵ国語が堪能な人はほとんど見かけません。最近の大学では第2外国語が必修ではなくなったそうですが、外交官を目指す場合は高校の頃から、フランス語を習得しておくと将来有利と言われます。

海外での会議や学会では当たり前のように英語が使われます。筆者が学生の頃は（40年以上前ですが）、ポーランドのザメンホフが創案したエスペラントが未

各国語が飛び交う国連ビル（ウイーン）

来の国際語としてまだ盛んでした。

残念ながら、今ではエスペラントでもマクファーランド佳子女史の地球語でもなく、英語がビジネスや学問の世界では「地球語」になってしまったようです。英語の論文で発表をしなければ、そもそも世界の人に読んでもらえないからです。英文の記録が残っていませんと、ノーベル賞をはじめ世界の学界や知的財産権の先陣争いの戦列から外されてしまいます。

最近の若い中国人は、皆英語が達者ですが、中国の幹部クラスの人には英語が通じない人が多数います。文化大革命で英語教育が排斥されたのが、今でも響いているとのことですが、最近は事情が違います。若い中国人は英語の発音も綺麗です。でもタクシーでは英語が全く通じないことがあります(北京オリンピックの後は少し変わっているかもしれませんが)。

ウイーンは観光都市ですから、ほとんど何処でも英語が通じます。ところが、最近のタクシーとなりますと、東欧からの出稼ぎが多いためか、英語はもとより、オーストリアの母国語であるドイツ語も通じない運転手がいるのにはびっくりします。同じ国際都市であるジュネーブのタクシーの場合は、フランス語が勢力を誇っています。

アメリカは、当然ながら英語なのですが、筆者にはアメリカ人の英語がさっぱり聞き取れません。スピードがやたらに速いのです。アジア人の英語はさらにわかりません。一番わかりやすい英語は日本人の英語です。目をつぶって聞くとすぐわかります。

海外の会議で英語のほかにフランス語や中国語が話されますと、相手の見る目が変わります。会議中のひそひそ話がパタッと消えます。相手に内容がわかってしまうからでしょう。国際会議で日本語の唯一の利点は、日本語でひそひそ話しをしても決して相手にはわからないことでしょう。しかし、韓国や台湾に行った時は、周囲に日本語のわかる人がいることがあり、ヒヤリとします。

重要な国際会議では、必ず専門の通訳をつけるのが原則のようです。フランスの大統領もドイツの首相も、相手の話す内容はすべてわかっているのに、同時通訳のイヤホンをつけています。通訳のおかげで一呼吸置いてから話すことができるのです。英語が達者と称する日本の総理大臣が過去にもいましたが、自慢げに通訳無しで話をするのには全くひやひやものです。スポーツや天気の話くらいならよいのですが。

自分にできないことを人に勧めるなと言いますが、若い人には外国語に堪能になることを心から勧めます。世界が広くなりますからね。ただし、小学校から英語を教えても効果は少ないと思います。論理的な思考を鍛えるためには、まず日本語を正しく学ぶことが必須ですから。

さて、筆者も国際連合大学との契約を２００９年3月で任期満了により終了いたします。学内は決して公用語で溢れていたわけではありませんが、4月からの勤務先は日本語世界なのでずいぶん気持ちが楽になります。筆者の知り合いの皆

国連の会議場では英語（ジュネーブ）

さんは、ビジネスで世界に雄飛されたためか、英語が達者でした。どこで習得されたのでしょうか?

27 長期使用製品の安全点検とラベル文化

２００９年４月３０日

２００９年４月から、「長期使用製品の安全点検・表示制度」が始まりました。安全点検の対象はガス石油機器など９品目、表示制度の対象は扇風機、ブラウン管テレビなど家電製品５品目です。ガス石油機器など安全点検の対象製品を購入した所有者は、購入時にメーカーに葉書を送付し、メーカーは点検期間開始前（６か月以内）に所有者に郵送や電子メールなどで点検通知を出すことが義務づけられました。家電製品５種については経年劣化による重大事故発生率は高くないものの、設計上の使用期間と経年劣化についての注意喚起などの表示が義務化されています。

自動車の車検制度は、無駄な部分も多く批判が多かったのですが、安全の観点からは高く評価されてきました。車検によって重要保安部品の点検や交換が行われるので、安心して車が使用できるのです。同じ制度がガス石油機器や、電気製品に適用できれば、ガス中毒や火災など不幸な事故は未然に防げるのではという意見が昔からありました。しかし、これらの製品には

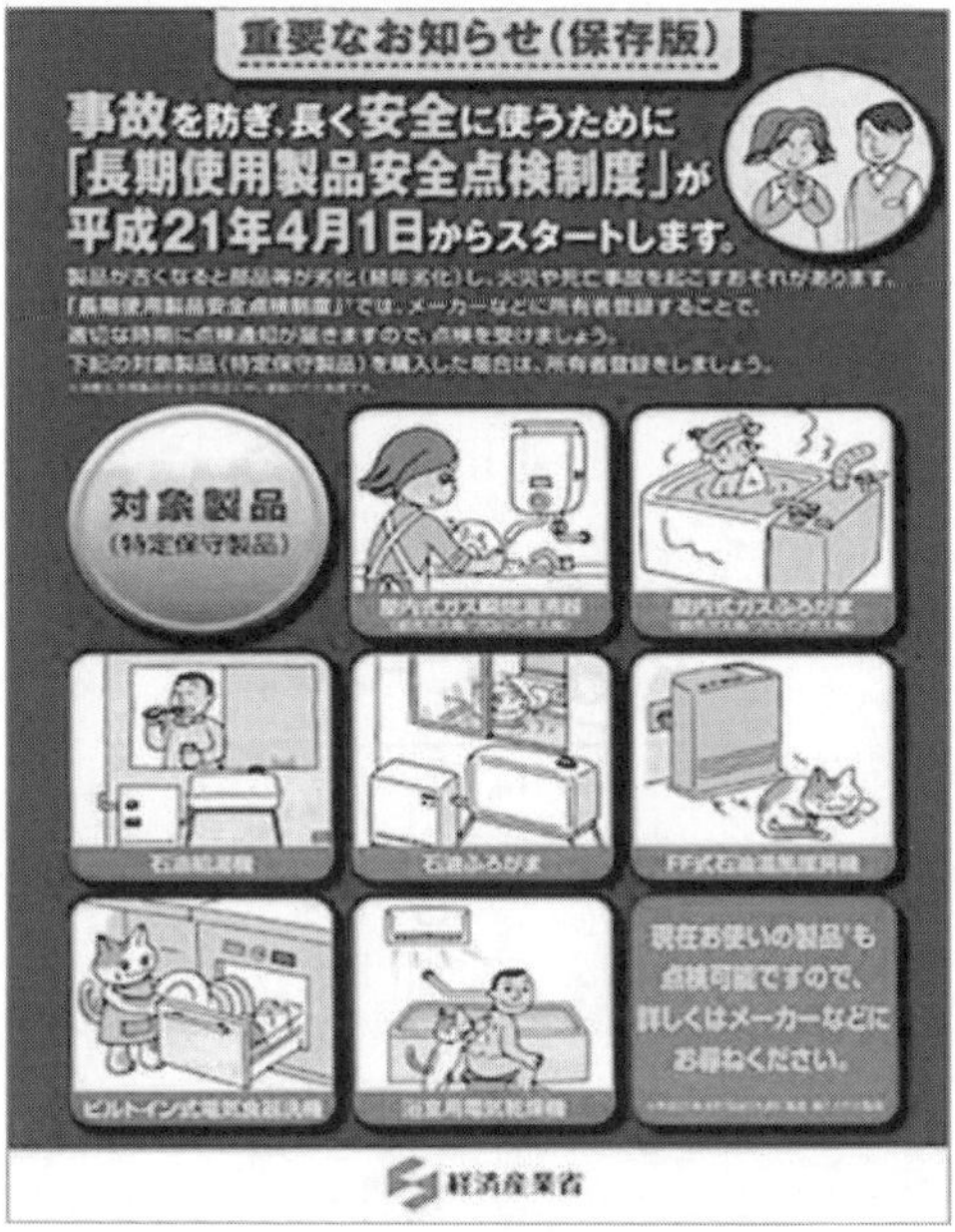

2009 年 4 月からスタートした長期使用製品の安全点検 9 品目のポスター（経済産業省）

免許制度や使用年齢の制限はありません。購入しても役所に登録して税金を納める必要もありません。コンセントを差してから、故障するまで事実上、メンテナンスフリーで使用されるのです。

防水加工した電気カーペットの発火事故が報じられていました。防水加工は、カーペット本体部分のみで、電気制御部は防水ではなかったためとのことです。今後は水中でも使用できるような完全防水の電気カーペットが開発されるまで、小さな文字による詳細な注意書きラベルが貼付されることでしょう。

数年前まで、電気かみそりを水に濡らすなんてとんでもなく危険なことでした。ヒゲ屑を水に流せる機種が発売されて以来、今ではほとんどすべてが防水電気かみそりになりました。洗濯機など水を使う電気製品の電子回路や電気部品は昔から防水設計がされています。電気洗濯機の回路基板は、防水のため全体が樹脂で固められており、リサイクルプラントでも分解することが極めて困難です。

メーカーは、製品が不適正に使用されないことを願って（訴訟に耐えたれるように?・）、細かな注意事項を取扱説明書に記載し、機器に注意ラベルを貼付しています。事故が報道されるたびに記載事項が追加される傾向にあります。取扱説明書やラベルは、読まれなければ用をなしません。しかし、使用者はほとんど読まないのです。

最近のエスカレーターには、乗り口と降り口にそれぞれ3枚（最近では6枚）ものラベルが貼ってあります。「注意！真ん中に乗ること、ベルトにつかまること」「危険！ベビーカー禁止、車椅子禁止」「危険！歩行禁止」「危険！衣類、長靴巻込み注意」などですが、皆さんは読まれましたか。移動中にラベルを読む方がよほど危険です（筆者は横に立ち止まってじっくり読んでみました）。

エスカレーターの注意ラベル

メンテナンスは、「異常・故障」が発生する前に実施します。自動車、昇降機、航空機、船舶などでは、メンテナンスが重要なビジネス分野になっています。電気電子製品も、寿命管理を行って専門家による適正なメンテナンスをすれば、さらなる長期使用が可能です。

「異常・故障」が起きてから実施するのがリペアビジネスです。電気電子製品のリペアの不満の多くは、①コストが高い、②部品が無い、③時間がかかる、④製造者以外のサードパーティー（第三者）が参入するので品質が信頼できない、⑤修理しても機能が遅れているので買い替えざるを得ない、などです。逆に言えば、製品を設計製造した製造業がメンテナンスとリペアの分野に本格的に参入すれば、新たなビジネスが生まれることを示唆しています。これは、従来のサードパーティーによるリユースビジネスとは異なる新たな高度ビジネスです。高齢技能者の雇用にもなり、経済の変動にも影響を受けない先進国型のビジネスなのです。

「長期使用製品の安全点検・表示制度」は、個人情報保護が厳しく運用される日本ではぎりぎりの制度と言えるかもしれません。しかし、電気電子業界は、車検制度と同じように寿命管理と安全安心を制度的に担保できる千載一遇の機会を逃したのではないでしょうか。機種によって一定年度ごとの有料定期点検と修理が義務づけられれば、新たなビジネスの創出にもなります。何よりも世界に発信できる先進的な３Ｒ推進手法でもあるのです。当面は「長期使用製品の安全点検・表示制度」によって、使用者に長期使用製品には点検とメンテナンスが必要であることが広く認識され、製造者には新たな新規ビジネスの芽が誕生することを期待します。

28　環境は科学か？

２００９年６月４日

真実はひとつです。それを追求するために物理学も数学も、科学として学際的な研究が可能です。しかし環境には答がたくさんあります。立場、国・地域、そして所属する会社や組織によって正反対の解釈も成り立つのです。しかも、答は時代によっても変わるのです。環境には真実がたくさんあるのです。

最近では「環境工学」「環境科学」「環境学」という用語も誕生しています。１００万部を超すような「環境本」が次々と出版され、大型書店には環境コーナーもできていますが、数学の「解析概論」あるいは化学の「General Chemistry」のような定番の教科書が、日本はもとより世界にも存在しません。岩波大学と呼ばれた文庫本や新書にも誰もが認める環境の名著はありません。

洗浄や冷媒に使われたフロンは、かつて人畜無害で安定な理想的化学物質でした。その排出原因が塩ビであるかのように言われたダイオキシンは、猛毒と言われ忌み嫌われましたが、タバコの方がよほど有害であることが立証されています。太古の昔から有用金属として人類が利用してきた鉛は電気電子機器から追放されました。殺虫剤のＤＤＴが環境のために使用禁止になって数千万人の人がマラリアの犠牲になりました。いずれも両論があり、それぞれが正論を主張しています。

物事の解釈に立場、国・地域、そして時代などの前提条件がつく分野は、残念ながら科学とは言えないと思います。しかし、環境は物質科学、自然科学や数学などの理工学が無ければデータの取得や解析が難しい「科学の分野」でもあることも事実です。

現在、環境分野で活躍し日本をリードしている環境学者は、決して過去に環境を専門に研究していたとは限りません。筆者が尊敬している環境分野の先生方も、昔は無機材料化学分野の専門家でしたし、はたまた損害保険や計量経済の専門家でした。過去の専攻分野は異なっても、基礎があってこその環境専門家なのです。

大きな心配は、大学に「環境」を標榜する学部や学科が増えてきて、そこに学ぶ「環境学徒」も増えてきたことです。環境で学位を取得して大学で環境を教える純粋の若い環境学者も増えつつあります。

しかし、せっかく大学で環境を勉強しても、就職段階になると、卒業する学生を多くの企業が快く迎えてくれません。環境装置をビジネスにする企業は、環境ではなく機械や電気、化学を勉強した学生を求めます。一般の製造業にはスタッフとしての環境部門が存在するのですが、それらの部門でも環境を専攻した新人はごく少数しか必要としません。大部分は、過去に多くの分野を経験したベテラン社員を再教育して配置するのです。

時流に乗って環境学部や学科を作り、初めから環境分野を志す学生を募集する大学側の責任は大きいと思います。しかし、環境教育には大きな希望があるのです。それは環境をリベラルアーツ(Liberal Arts)として捉えることです。職業にすぐには結びつきませんが、人文科学、自然科学、社会科学を包括する専門分野(Disciplines)として研鑽するのです。初めから環境を学ぶよりも、材料や機械、電気、化学など理工学の基礎を学部で経験した後、大学院や社会人大学院でリベラルアーツを専攻することが理想ではないでしょうか。もちろんその逆も可能です。

「環境リーダー」という人材は、企業だけでなく、政治行政、教育など多くの分野で世界的に要求されています。環境を配慮した企業活動と同時に、先進的な環境規制の策定とその普及が技術と社会を進歩させているのです。これは決して「環境学」を学んだだけの人材ではありません、ほぼ1年前から、文部科学省、環境省がそのような「環境リーダー」人材を育成するためのプロジェクト費用を負担し始めています。

(http://www.yasuienv.net/EnvConsortium.htm)

国際連合大学で5年間のサマースクールを主催した安井至先生(現・製品評価技術基盤機構NITE理事長)は、環境リーダーに必要な資質として、大学級・市民級には「感じる力」、大学院級には「想像する力」、博士級には「推理する力」を挙げています。

企業経験の永い筆者はこれに加えて、製品を企画し設計する技術者や経営者から畏敬される専門知識とリベラルアーツを修めた見識が環境リーダーには必要と思います。一番嫌われるのは魚のヒラメのように上ばかり見て方針の定まらない古いタイプの管理者です。もっとも、そんな人は今の企業では存在できなくなっていますが。

今回の経済危機によって、真理はひとつでも立場によって正反対の解釈が成り立つ環境分野では、あっという間に今までのアプローチが変わる可能性もあります。そのためには、自己の事業範囲や専門範囲だけでなく、時には深呼吸をして、高い空から周囲を眺める「鳥瞰的な視点」を忘れてはならないと思います。

29　内部告発は組織を救うか？

２００９年７月９月

３項で「ネガティブ情報を評価しよう」という話を書きました。今回は内部告発の話です。最近、ある精密機器メーカーで社内告発者に対して制裁人事が行われたとして「公益通報者保護法」による人権救済の申し立てが行われたとの報道がされました。

２００６年４月に施行された公益通報者保護法に関する内閣府の運用指針では、通報者の秘密保持の徹底を求めています。内部告発者の保護に関する法律は、アメリカでは「ホイッスル・ブロアー法」と呼ばれ、１９９９年に制定されています。あのアメリカでさえこの種の法律ができたのがわずか１０年前であり、それまでは内部告発者が組織から保護されていなかったことがわかります。ネガティブ情報を公開しているアメリカのコンピュータ会社では、内部告発者が存在できるのは会社のコンプライアンス遵守が高いからだと自負しています。

企業倫理を促す大手企業の社内ポスターの事例

この法律が日本でも重視されるようになったのは、環境分野での情報公開が広まったことに関連しています。拡大生産者責任（EPR）の理念では、生産者に製品の情報公開を求めています。EPRではそれぞれの当事者が役割に応じて責任ある対応をすることを求めていますが、製品を最もよく知っているのは生産者ですから、生産者が製品の有害化学物質の含有有無や廃棄方法を含めた情報公開をするのは当然です。

企業倫理は環境とも密接に関係します。事業活動に伴う環境や安全に関する事故などのネガティブ情報は公開することが当然になり、隠匿すると厳しい批判を浴びます。今では大部分の会社が社内通報制度を持ち、資材部門では社外の取引業者にも不正があれば通報を促すポスターが貼られています。最近の企業の不祥事に関する報道は大半が内部告発によると言われています。生産地の偽装や賞味期限のラベル張替えなどは、製品を見ただけでは決してわからないからです。

製造事業所では法律に抵触する寸前の品質、環境、安全に関する「ヒヤリハット事故」が起こることがあります。環境負荷と同じで、活発な製造活動を行えばこれらが発生するのは当然です。最近の「社会環境報告書」では、これらの「事故寸前の事故」を発見して本当の事故を未然に防いだことを公表することが評価されるようになりました。ネガティブ情報を公開することが、むしろ企業にとってメリットと考えられるようになったのです。たくさんの「ヒヤリハット事故」をどの段階から公開するかは管理者・経営者の悩むところです。しかもこれはまだまだ限られた大企業だけの話です。従業員が数十名の零細企業では情報公開はわかっていてもできないのです。ネガティブ情報の公開はたちまち会社が仕事を失うことになりかねないからです。

製造分野に比べて、不正競争、粉飾決算、人権問題などの営業、経理、人事部門の不祥事は、「ヒヤリハット事故」の段階で摘み取ることが難しく、まして公開するのは勇気がいることです。

今回報道された事件の内容はわかりません。世界的に広まる内部告発者への法的保護は、企業に対して「不祥事を起こさないように」というコンプライアンス推進へのメッセージであり、不正に対する抑止力としての意味を持ちます。

しかし、決して「密告」「情報漏洩」「誹謗」の奨励ではないことも、また銘記すべきです。制度が使われるのではなく、制度の存在自体が人と組織を救っているのだと思います。公益通報者保護法が実際に適用されて、内部告発者と企業側が係争するような事態になることは双方にとって誠に不幸なことです。

30 LCAの発展と懸念

2009年8月27日

LCA（ライフサイクルアセスメント:Life Cycle Assessment）は2001年1月21日に実施された大学入試センター試験に出題されて以来、今や日本の国民用語になりました。大学入試に出ますと、翌年から日本中の高校の先生、予備校の先生、そして受験生を持つ両親がLCAとは何か、を勉強するからです。

筆者が環境分野に入った頃（1992年）は、まだLCAはライフサイクルアナリシス（Life Cycle Analysis）という用語も存在し、石油ショックの起きた1970年代に初めてLCAが省エネ解析手法として世の中に出た頃の学際的な雰囲気と同時に冷ややかな視線も残っていました。世界的に有名な清涼飲料メーカーがLCAを自己に都合が良い部分だけを宣伝する手段として使用したために、LCAの信頼が失われた経緯などが論じられていたのです。

しかし今では、LCAの実施手法についてはISO（14040、14044）とJIS（Q14040、Q14041、Q14042、Q14043）で明確に定義されて、世界共通の環境指標になりました。大変嬉しいことです。

ＬＣＡ手法の学際的な研究は今も続けられていますが、最近では環境評価のツールとして広く普及しています。対象分野も従来の電気電子分野から食品や建築、社会システムなどに適用範囲が広がっています。ＬＣＡの普及を妨げてきたのは、計算に使用するデータの不足と資源枯渇や温暖化、酸性雨など多数の異なる性格の環境負荷を統合評価する手法に難しさがあったのです。しかし、データに関しては㈳産業環境管理協会を中心に日本は、有数のＬＣＡバックグラウンドデータを所有し公開している国になっています。そして統合評価ではなくインパクト評価だけでもよいとされています。

今では「部分的なＬＣＡ」でも、ＬＣＡを実施したことになりました。素材や廃棄段階の評価はしなくても、自分のわかる範囲だけでも構わないのです。１９７０年代に信用を失った「恣意的なＬＣＡ」との大きな相違は、手法の共通化と「Gate to Gate」（ゲートからゲートまで）を示す実施範囲を明確に宣言している点でしょう。

さて、１９９７年のＩＰＣＣ（気候変動に関する政府間パネル）第４次報告によって、地球温暖化の原因が人間の排出する温室効果ガス、とりわけＣＯ２が大きな影響を及ぼすとされ、ＣＯ２削減が世界の大きな政治課題になりました。それ以来ＬＣＡはＣＯ２のみを評価する「ＬＣ-ＣＯ２」が主流になっています。特に省エネ分野では、多数のＬＣＡ評価項目の中でＣＯ２のみに着目して全ライフサイクルでの電気料金（ＣＯ２排出量）を考慮することが行われるようになりました。店頭に展示されるエアコン、電気冷蔵庫、テレビでは「統一省エネラベ

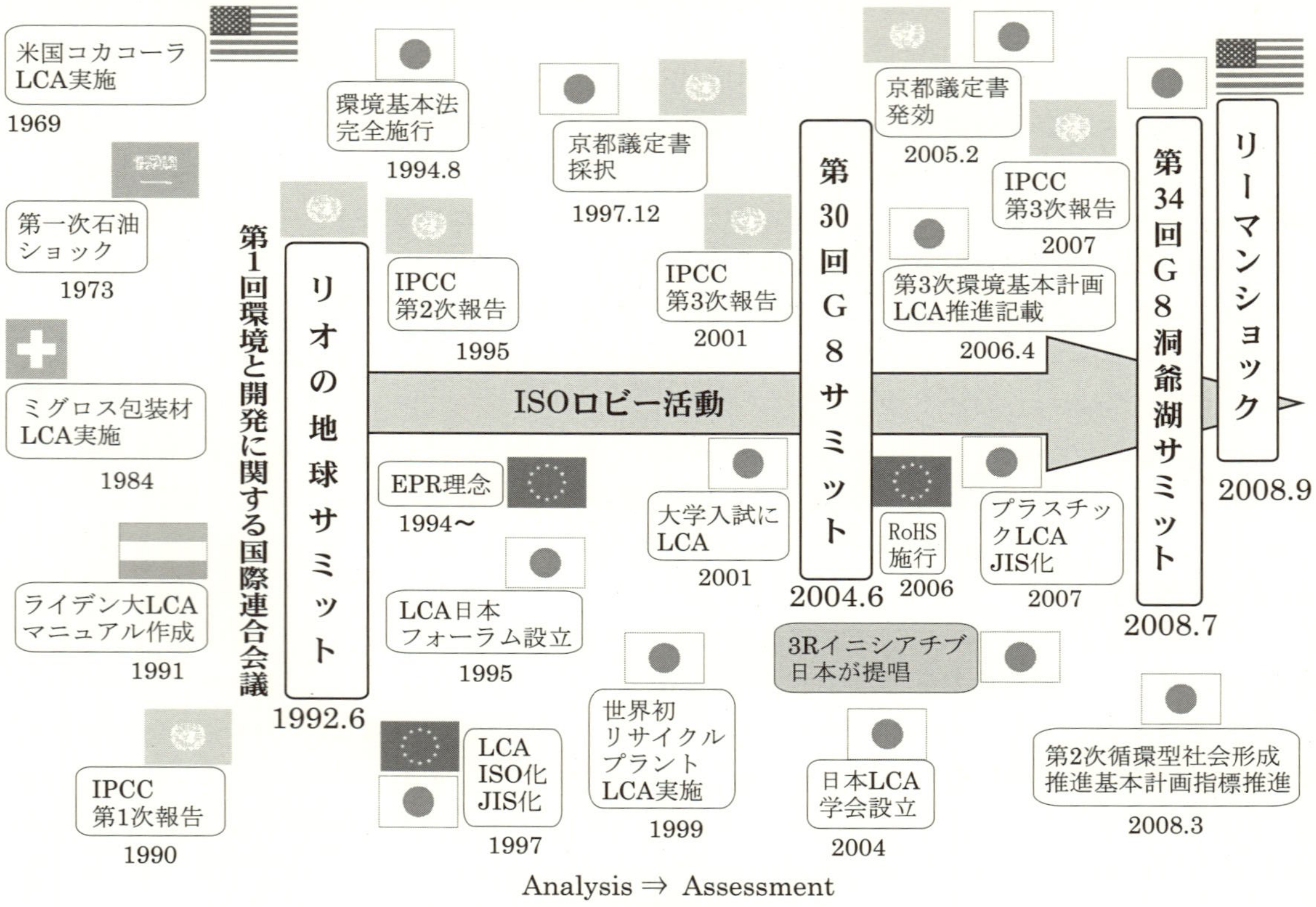
米国コカコーラ
LCA実施
1969
第一次石油
ショック
1973
ミグロス包装材
LCA実施
1984
ライデン大LCA
マニュアル作成
1991
IPCC
第1次報告
1990
第1回環境と開発に関する国際連合会議
リオの地球サミット
1992.6
環境基本法
完全施行
1994.8
IPCC
第2次報告
1995
EPR理念
1994～
LCA日本
フォーラム設立
1995
LCA
ISO化
JIS化
1997
京都議定書
採択
1997.12
IPCC
第3次報告
2001
ISOロビー活動
大学入試に
LCA
2001
世界初
リサイクル
プラント
LCA実施
1999
第30回G8サミット
2004.6
RoHS
施行
2006
3Rイニシアチブ
日本が提唱
日本LCA
学会設立
2004
京都議定書
発効
2005.2
IPCC
第3次報告
2007
第3次環境基本計画
LCA推進記載
2006.4
プラスチック
クLCA
JIS化
2007
第34回G8洞爺湖サミット
2008.7
第2次循環型社会形成
推進基本計画指標推進
2008.3
リーマンショック
2008.9
Analysis ⇒ Assessment

LCAの鳥瞰的な流れ

ル」によって「年間の目安電気料金」が表示されるようになっています。

１９９９年2月に「省エネ性能が進む家電製品はいつ買い替えたら得なのか」という課題で、ＬＣＡによる電気冷蔵庫の最適な買替え時期をＷｅｂで公開したのが安井至の『市民のための環境学ガイド』です（http://www.ne.jp/asahi/ecodb/yasui/RefUseOrBuy.htm）。

なにしろ１０年前の話ですから、当時のデータベースは完全ではありませんでしたが、製品選択にＬＣＡの使用方法を紹介した先駆けでした。しかし省エネのためとはいえ、現在使用している製品を廃棄して買い替えるのは家電メーカーの販売促進策であるとの感覚が強くて世間一般には広まらなかったようです。１０年経過してようやく省エネ製品への買替え促進が地球温暖化への対策として評価されるようになり、抵抗感がなくなってきたのではないでしょうか。

欧州ではＣＯ2のみに着目する新しい環境指標「カーボンフットプリント」が生まれ国際標準化されようとしています。これは決して新たな概念ではなく、ＬＣＡの中でＣＯ2部分のみの評価なのです。ＬＣ-ＣＯ2をＬＣＡと呼称するよりは正しいかもしれません。日本でも食品を中心にカーボンフットプリント表示をしている製品が出現しています。関連する講習会も頻繁に開催されています。日本企業は、先陣争いと横並びが大好きですから、カーボンフットプリント表示した製品が広く店頭に並ぶのは、本家の欧州よりも日本が世界で一番早いかもしれません。

このようなＬＣＡの応用は、性格の異なる多くの環境負荷を統合化して評価するＬＣＡの本来の理念から見れば懸念があるとも言えます。環境負荷の要素はＣＯ２など温室効果ガスだけではありません。環境負荷の捉え方は、立場、国・地域、組織そして時代によって様々です。ＬＣＡが国民用語になり、多くの人がライフサイクル志向で環境を考えるようになったことは大変喜ばしいことです。

同時にＬＣＡの原点を忘れないこともまた、重要です。少なくとも学際的な分野の報告では、すべての環境影響を勘案した本来のＬＣＡを実施していただきたいものです。

ところで冒頭の話ですが、愛知工科大学で１０年以上ＬＣＡ教育に携わっておられる矢野正孝教授によれば、最近の高校生はＬＣＡという言葉を全く知らないそうです。センター試験で再びＬＣＡを出題する必要がありそうですね。

31　環境指標

２００９年１０月１日

技術分野でも社会分野でも、定量的な指標が無いと、正しい評価はできません。大辞泉によれば、指標とは「物事を判断したり評価したりするための目じるしとなるもの」と説明されています。リトマス試験紙でお馴染みのｐＨ［水素イオン指数（Power of Hydrogen）］は、皆さんもよくご存知だと思います。最近は経済分野の指標が増えました。ＧＤＰやＴＯＰＩＸ、企業の財務指標である長期発行体格付けなどの指標もお馴染みでしょう。指標で重要なことは、

「客観的、普遍的である」「定義がはっきりしている」「誰がどこで計算しても同じ結果が得られる」「国際的に認知されている」「使用するデータベースが認知されている」などでしょう。特定の分野にだけ都合の良い指標では、困るのです。

環境に関する指標もたくさんあります。２００６年に閣議決定された第3次環境基本計画では、６分野の環境に関する指標を紹介しています。

例えば、地球温暖化分野では「温室効果ガスの年間総排出量」、物質循環分野では「資源生産性」「循環利用率」「最終処分量」、大気環境分野では「大気汚染に係る環境基準達成率」「都市域における年間３０℃超高温時間数」「熱帯夜日数」、そして皆さんに関係が深い化学物質分野では「ＰＲＴＲ対象物質のうち環境基準・指針値が設定されている物質などの環境への排出量」などが例示されています。

また、「エコロジカルフットプリント」「人類開発指標」「環境効率指標」「ファクターＸ」「真の進歩指標」「持続可能性指数」「グリーン国民総生産」「人間満足度尺度」「エコロジカルリュックサック」「ＬＣＡ」も挙げられています。

環境理念で先行するＥＵでは２００１年に欧州技術革新指標（ＥＴＳ：The European Innovation Scoreboard）を発案しています。これは直接的な環境指標ではありませんが、ＧＤＰをはじめ、２９の指標を統合した技術革新の度合いを示す評価指標です。毎年国別のランキングを公表し、ＥＵではない日本やアメリカも評価の対象になっています。

さて、この中でいくつご存知ですか。皆さんは環境に関心が高いので多くの指標をご存知だ

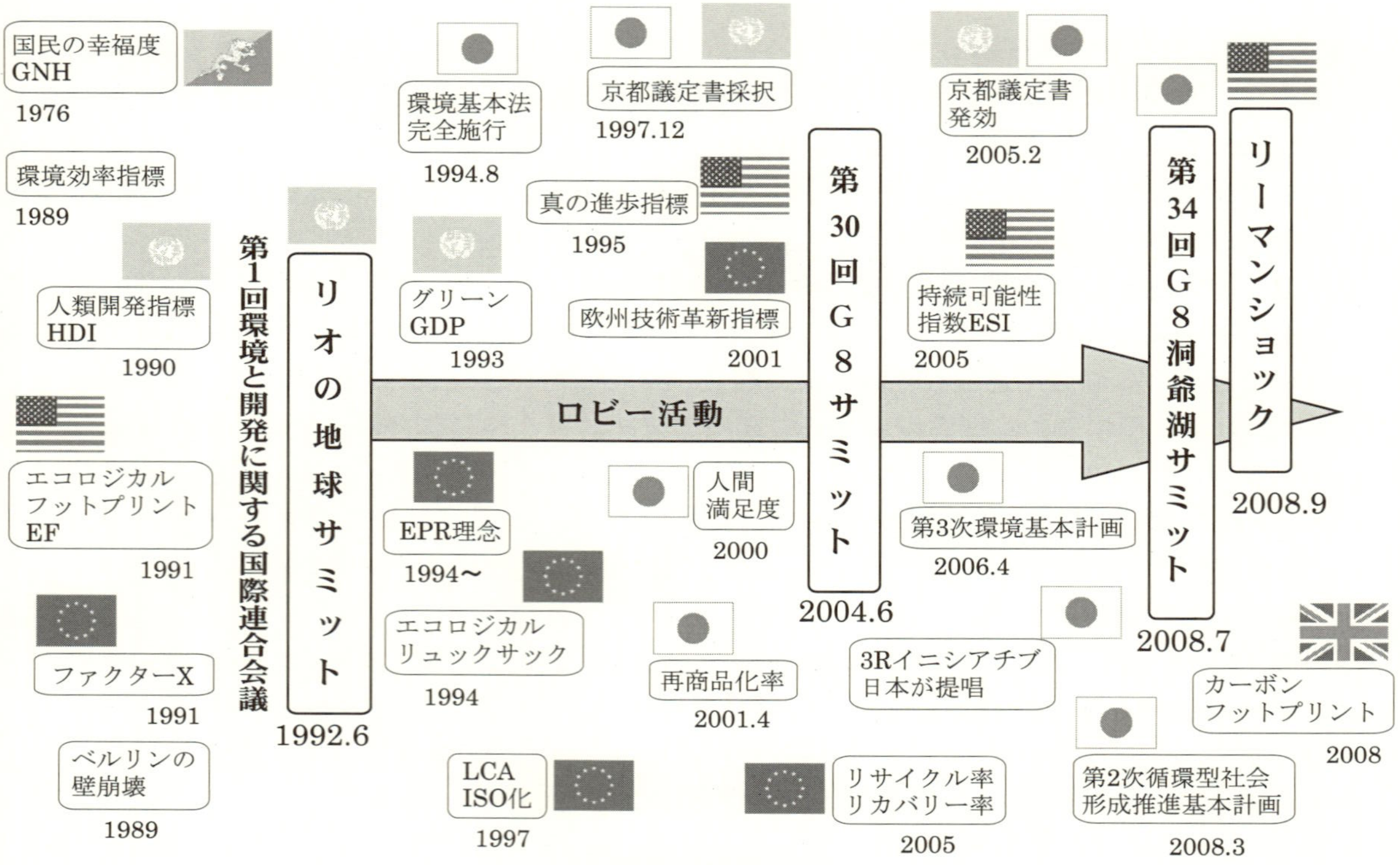
国民の幸福度
GNH
1976
環境効率指標
1989
人類開発指標
HDI
1990
エコロジカル
フットプリント
EF
1991
ファクターX
1991
ベルリンの
壁崩壊
1989
第1回環境と開発に関する国際連合会議
リオの地球サミット
1992.6
環境基本法
完全施行
1994.8
グリーン
GDP
1993
EPR理念
1994〜
エコロジカル
リュックサック
1994
LCA
ISO化
1997
京都議定書採択
1997.12
真の進歩指標
1995
欧州技術革新指標
2001
ロビー活動
人間
満足度
2000
再商品化率
2001.4
第30回G8サミット
2004.6
京都議定書
発効
2005.2
持続可能性
指数ESI
2005
第3次環境基本計画
2006.4
3Rイニシアチブ
日本が提唱
リサイクル率
リカバリー率
2005
第34回G8洞爺湖サミット
2008.7
リーマンショック
2008.9
カーボン
フットプリント
2008
第2次循環型社会
形成推進基本計画
2008.3

環境指標の鳥瞰的な流れ

多数の環境指標（日本の提案した指標は1つだけ）

	指標名	開発年	開発者・機関	利用状況
1	国民の幸福度（GNH）	1976年	ブータン ワンチュク第4代国王	1位デンマーク，日本は97ヵ国中43位（07年 World Values Survey）
2	環境効率指標	1989年	シャルテガーノ他	日本企業が利用
3	人類開発指標（HDI）	1990年	マブール・ハク	国連年次報告で毎年発表
4	エコロジカルフットプリント（EF）	1991年	コロンビア大 ウイリアムリース他	日本第3次環境基本計画で明記
5	ファクターX	1991年	ドイツ シュミットブレーク	日本企業が利用
6	グリーン国民総生産（GNNP）	1993年	国連統計部	検討中
7	エコロジカルリュックサック	1994年	ドイツ ヴッパタール研究所	環境白書で記載
8	真の進歩指標（GPI）	1995年	アメリカ リディファイニングプログレス研究所	世界各国で利用
9	物質集約度（MIT）	1997年	フリードリッヒシュミット・ブレーク	TMR関与物質総量（資源端重量）と類似。2008年循環型社会形成推進基本計画で紹介
10	ライフサイクルアセスメント（LCA）	1997年	アメリカ フランクリン研究所	ISO化、JIS化され普及
11	人間満足度尺度（HSM）	2000年	麗澤大 大橋教授	日本でもあまり普及せず
12	欧州技術革新指標（EIS）	2001年	欧州委員会	毎年国別ランキングを公表
13	ウォータフットプリント（WPF）	2003年	オランダ Water footprint network が議論開始	ISO化作業中 ネスレなどの先行事例がある
14	持続可能性指数（ESI）	2005年	アメリカ エール大，コロンビア大	世界各国で利用
15	カーボンフットプリント（CFP）	2008年	カーボントラスト社 英国規格協会	2007年頃から英国で試行されISO化に伴い日本他も試行開始

と思いますが、その意味と定義をご存知ですか。指標の目的は「物事を判断したり評価したりするための目じるし」でした。GDPは大きいほど良いのでしょうか（最近はGDPの大きさや順位ではなく、国民一人当たりのGDPが評価されるようになってきました）が、経済成長率も高いほど良い？　いや、成長率が低いことが先進国の証しかもしれません。それでは、人類開発指標は？　ファクターは？　数値だけが与えられた時、判断したり評価したりできるでしょうか。

環境に関する指標がこれほど多くあって、しかもあまり普及しないのは、定義が複雑で、直感的な理解が難しいことに原因があります。中学で習ったエンゲル係数などは、日本が貧しかった頃はよく理解できました。厚生労働省が発表している所得分配やエネルギー配分の不平等性を表現するジニ係数になると、解釈にも幅があり、直感的には理解が難しい指数と言えるでしょう。

学校の成績で、絶対評価と相対評価が議論されたことがありました。相対評価は非民主的で、子供の成長の芽を摘むと言って非難されました。しかし、評価は比較するためにあるのです。全員「よくできました」では成績はつけられないのです。企業の査定はもっとシビアです。全員「普通」ではボーナスの査定になりません。公務員はいまでもほとんど全員が「普通」評価のようでびっくりです。

環境の指標も同じです。常に他と比較して指標の意味が出てきます。電気製品の省エネラベリングの指標も、目標を達成すれば「緑色マーク」、未達成であれば「オレンジマーク」でしたが、ほとんどすべての電気製品が「緑色マーク」になり、もはや指標としての意味がなくなりました。

そこで統一省エネラベルでは、5つ星冷蔵庫、4つ星エアコンなど星の数による差別化を目指したのですが、競争の激しい日本市場ではすぐに皆同じになってしまいます。

省エネマークは、日本だけでなく欧州をはじめ、アジア諸国でも独自のマークを考案し製品に表示しています。省エネ製品の開発は、使用電力の削減になり、地球温暖化防止にも貢献しますので、これからも競争して欲しいのですが、世界共通の指標によるマークであれば、なお一層わかりやすいのではないでしょうか。

いまや国民用語となった3R分野では、リサイクル率、再商品化率、リカバリー率、回収率などの指標が乱立していて、それぞれ定義が異なります。日本独自の再商品化率などは海外で何度説明しても、その場では理解されても、欧州のリサイクル率と混同される悲しい指標です。回収率も循環型社会の達成度を評価する重要な指標ですが、実は定義がはっきりしていません。

環境分野でいろいろな指標が考案されることは、それだけ環境の評価に多様性があり、簡単ではないことを示しています。環境には答がたくさんあります。LCAを実施すれば、省エネだけが環境の指標ではないこともわかります。環境はリトマス試験紙で判定できるほど単純ではないのです。したがって、多くの指標が乱立するのも、今はやむをえないかもしれません。環境指標は明確な定義と正しい解説をつけて使うことによって、徐々に整理統合されていくものだと思います。

32 規制と環境技術のブレークスルー

２００９年１０月22日

法律や規制は、実社会の後追いになります。技術や社会システムの進歩（場合によっては退歩）による弊害や不公平を、法律や規制で政治と行政が修正するのです。環境分野では特にそれが顕著です。世界的には規制緩和の方向ですが、環境分野だけは例外的に規制強化が進んでいます。

製品を開発する時、開発担当者は、製品の「機能・性能」「コスト」「納期」を考えることは言うまでもありませんが、最も重要な要素として直面するのが「規制」です。規制には法令上の規制もありますが、製品独特の規制もあります。家の入り口のドアを通らない冷蔵庫は商品になりません。標準的な玄関ドアの寸法が冷蔵庫の寸法を規制しています。電子レンジなどの持帰り商品は、標準的な小型乗用車のトランクに包装したまま積むことができる寸法に設計することも重要です。

そして、登場するのが最近の環境規制です。鉛はんだを使用することは日本では禁止されていませんが、欧州ＲｏＨＳ指令によって事実上世界中で使えなくなりました。フロン類や温室効果ガスも使用が規制されています。

１９７０年にアメリカで改正された大気汚染防止のための法律［通称マスキー法（Muskie

Act)」は、当初とても実現不可能な厳しい内容でした。しかし、世界中の自動車メーカーがこれに挑戦し日本のホンダがＣＶＣＣエンジンを開発し、一気に日本車が環境分野でアメリカを席捲したのです。マスキー法は自国だけでなく、世界にも厳しい目標を掲げ、産業のブレークスルーを促した点で、歴史的な環境規制であったといえます。

１９８０年に制定されたアメリカのスーパーファンド法は、「包括的環境対策・補償・責任法」と「スーパーファンド修正及び再受権法」の２つを合わせた通称です。土壌汚染に関わった広い範囲の関係者に対策と修復コストの負担を求める法律です。

この法律によって、土壌汚染の修復技術の開発や土壌汚染調査修復関連の企業が発展しましたが、他方でこれ以降、リサイクル目的の非鉄精錬業が、巨額の賠償金を避けるためアメリカからは事実上撤退消滅してしまいました。

今日のような循環型経済社会を迎えて、アメリカには銅やレアメタルを精錬で回収する企業が存在しないのです。日本の大手非鉄精錬業は、精錬不況で一時期廃業の危機に見舞われましたが、高度の精錬技術を要するリサイクルビジネスの誕生によって生き返ったのです。欧州にはベルギーなどに伝統的に巨大な非鉄精錬業が存在しているため、循環型経済社会が健全に回転しています。アメリカのスーパーファンド法は、環境浄化には貢献しましたが、循環型経済社会の基盤を破壊したという皮肉な結果をもたらしたのです。

自動車産業は、世界的に政治の世界に大きな発言力を持っています。欧州の自動車業界が見かけ上は環境に熱心でありながら、自動車リサイクルに関するＥＬＶ規制を強力なロビー活動によってほとんど骨抜きにしてきました。代替技術がないためとの理由で、鉛蓄電池は今でも大量に使用されています。なんと環境のエースと言われているHV（ハイブリッド）車にも、鉛蓄電池が補助電池として搭載されているのです。電気電子機器に使用されていた鉛はんだは、鉛蓄電池の１０％程度しか鉛を使用していないのに欧州ＲｏＨＳ指令によって事実上世界中から追放されました。しかし、代替技術が開発されるまで自動車用鉛蓄電池は相当期間存続しそうです。これでは自動車に技術のブレークスルーは起こりません。

電気電子業界の環境適合設計（ＤｆＥ）は、日本が世界で最も進んでいると言われます。それは、資源有効利用促進法（３Ｒ法）で製品アセスメントが義務づけられていることもありますが、最も普及を促進させたのは家電リサイクル法によって製造者にリサイクルを義務づけた点にあります。リサイクルプラントで設計者自身が実習をして分解性を学ぶことや、リサイクルプラントからの情報が製造者にフィードバックされることなどは、世界でも例がありません。設計技術のブレークスルーです。長期的にはリサイクルプラントを所有しているメーカーと、委託するのみのメーカーとでは製品開発にも大きな格差が出ると思います。筆者はこれを「ＤｆＥディバイド」と呼んでいます。

規制は進歩を阻害する面もありますが、多くの技術は規制によってブレークスルーを獲得してきました。企業人からは「とんでもない！規制など無い方が良い」と言われるかもしれませんが、環境分野の規制は技術革新を促進させる最上の手段であることは多くの事例が示しています。成熟した民主国家では、守旧派抵抗勢力によるロビー活動により革新的な規制を創設することが困難なことがあります。その中で未来のイノベーションを生む新たな規制を企画することが国をリードする政治家・行政官の腕の見せ所なのです。だから企業人は業界のロビー活動だけでなく、政治と行政に携わる人々に技術の真髄を教育することが重要なのです。

33 海外からの環境研修生

２００９年１１月１９日

日本の海外研修生受入れの歴史は古く、ＪＩＣＡ（独立行政法人国際協力機構）やＡＯＴＳ（財団法人海外技術者研修協会）がその実務を担っています。初期には研修費用の全額を日本側が負担していたようですが、かなり以前から途上国でもかなりの部分を自己負担しているためか、研修生の態度も真剣です。何事も無料では身につかないのです。

研修内容も、従来は特定フロンの回収技術や公害防止技術の取得などが中心でしたが、数年前から、いよいよ自国でもＷＥＥＥ（廃電気電子）リサイクル処理の法制化をするので、その準備のために来日する若い行政官や、製品開発に環境適合設計（ＤｆＥ）を適用する目的の企業幹部など、研修内容のレベルも公害防止から環境対応に変わってきています。化学物質規制が、電気電子産業を対象にした欧州ＲｏＨＳ指令から、すべての産業が対象になる欧州ＲＥＡＣＨ規制（Registration, Evaluation, Authorization and Restriction of Chemicals）に拡大したこと

AOTS（財）海外技術者研修協会主催の海外研修風景

も影響しています。グローバル化した経済社会では、自国の規制でなくても、欧州の環境規制には従わざるを得ないのは日本と同じです。

リサイクルシステムを学ぶ途上国のリーダーに対して、日本側は日本のリサイクルシステムの説明と最新のリサイクルプラントを見せます。そこで紹介するのは、高度の技術を駆使した「高いリサイクル率」と「素材の自己循環」です。

もちろんそれは意義あることなのですが、筆者は、「リサイクル率100％、回収率1％のシステム」と、「リサイクル率1％、回収率100％のシステム」ではどちらが、自国や地域の環境に良いですか、という演習を出します。

その結果、循環型経済社会を形成するには、回収率を上げるための仕組みづくりと、高いリサイクル率の達成の双方が重要であることがわかってもらえます。しかし、それが難しいことも同時に理解し、自国の課題として持ち帰ってもらいます。

あまり使用されませんが、循環型経済社会にとって重要な指標が「回収率」なのです。「回収率」は、廃棄された製品の総重量と回収された使用済み製品の総重量の比率です。

ペットボトル回収率は69・2％（PETボトルリサイクル協議会の平成18年度年次報告書）、欧州のペットボトル回収率が41・1％、アメリカの回収率は23・5％、印刷用紙は

43・5％（2007年度古紙再生促進センター）です。

日本の大型家電製品の回収率は、排出総量が推定値なので公表されていませんが、おおむね52％程度です。欧州の大型家電製品の回収率は16・3％（欧州国際連合大学調査）ですから日本のリサイクルシステムが世界の水準から見れば如何に優れているかがわかります。同時にそれでも半分程度しか回収されていないことも事実です。

使用済み製品のリサイクルを評価する時に重要なのが「リサイクル率」です。しかし、日本の家電リサイクル法によって定義されているリサイクル指標は、「再商品化率」および熱回収を含む「再商品化率等」などです。しかしこの指標は、廃棄物処理法からくる「ゴミの定義」を採用した日本独自の指標であり、欧州でもアジアでも通用しません。日本にも「再商品化率」の定義を知らない有識者がいますから、当然かもしれません。

パソコンのリサイクルでは「資源再利用率」、二次電池では「再資源化率」、自動車では「リサイクル率」などが使用され、それぞれ定義が異なります。問題なのは、英語に訳しますと、いずれも皆「Recycling Ratio」と、同じ指標になってしまうことです。海外研修生にはそこで詳しく個別の定義を説明するのですが、その場では理解されても、すぐに欧州のリサイクル率と混同されてしまいます。欧州電気電子機器の廃棄に関する指令［WEEE指令（Waste Electrical and Electronic Equipment Directive)］では、「リサイクル率」と熱回収を含む「リカバリー率」を区別して定義しています。

さて、社会経済分野の環境指標はどうでしょうか。例えば、環境省では『環境／循環白書』

の中で、ＷＷＦ(World Wide Fund for Nature：世界自然保護基金)の「Living Planet Report 2006」が作成した「エコロジカルフットプリント」の各国比較を紹介して、世界中の人が日本人の生活を送ると地球が２・５個必要と紹介しています。この指標から、日本の環境負荷が世界平均よりも大きいことはわかりますが、この指標を見てどのような行動をすればよいのかを解説するのは難しいことです。

「国民の幸福度」の考え方は、ブータンのワンチュク国王の発言に端を発しました「物質的な豊かさだけでなく、精神的な豊かさも同時に進歩させていくことが大事」との考えです。全く同感ですが、これも自国の経済発展を目指す途上国のエリートには興味がないようです。いやこの指標についてこそ詳しく解説すべきなのかもしれませんが、その前に未来を担う日本の学生によく筆者から説明すべきですね。

34　十年ひと昔

２０１０年１月１４日

１９９２年は、第１回『環境と開発に関する国際連合会議』(通称リオデジャネイロ地球サミット)が開催された年です。１９９２年から日本経団連(当時は経団連)所属の企業は、次々と環境部門を設立しました。その役割は従来の公害対策部門とは全く異なります。公害対策部門は、事業活動に伴う廃棄物や近隣地域・住民への騒音、振動、排水、悪臭などへの対策が役割でした。これに対して環境部門の役割は、世界的に広まる環境規制やISOで規定される環境監査に対応するために、経営トップや事業部門のスタッフとしての仕事です。

古新聞や雑誌を話題にするようになると歳をとった証拠と言われそうですが、自宅の書庫を整理していたら、1999年4月号の『ニュートン臨時増刊号』が出てきました。「人体・環境異変　破局か再生か」という刺激的な特集号です。10年前の科学雑誌です。世界初の量産ハイブリッド専用車が日本で発売されたのも、「塩ビNo」キャンペーンが日本で始まったのも1997年でした。IPCCの第3次報告が2001年、温暖化の数値予測した有名な第4次報告が2007年ですから、1999年は環境分野ではかなり古い時代です。

そのニュートン誌では、人体汚染の真実として、「猛毒ダイオキシンが生殖障害や内分泌の撹乱障害を引き起こす」「われわれの周囲は既に多種の環境ホルモンが存在している」「高まる環境ホルモンの危険性」などが、大変動する地球として、「温暖化が日本の気候や生態系、私たちの健康をもおびやかす」「これまでにない速さと規模の絶滅が私たちの目前で起きている」「大型台風や集中豪雨などが日本でも増大する可能性がある」「異常気象が増加する」など学識経験者の執筆が特集されています。

2010年の今、それらの内容をここで吟味し批判するつもりはありませんが、予測がかなり当たっているもの、全く見当違いのものもあり、まさに玉石混交です。

大昔の10年と、今の10年では科学技術進歩の速さが違うのかもしれませんが、「十年ひと昔」とは言えない科学技術の予測の難しさを感じます。

化学物質に関する記事は、当時の環境庁のデータを引用するなどして信頼できるように書かれていますが、よくよく読むと決して断定せず、「考えられる」「ますます対策が重要である」など言質をとられない表現になっています。根拠は筆者自身の研究結果ではなく引用だからなのでしょう。そのため結果的に恐怖を煽っただけのようになっています。これらの記事がさらにマスコミに孫引きされ、事実のように広まっていったのではないでしょうか。環境ホルモンやダイオキシンなどに関して、その後明らかになった知見は10年後に著者から修正や訂正のフォローがなされているのでしょうか。

地球温暖化についての記事は、1995年のIPCC（気候変動に関する政府間パネル）の第2次報告時点であり、記述内容も決して断定的ではなく慎重です。この姿勢は2001年のIPCCの第3次報告、2007年の第4次報告書になるに従って徐々に表現が強くなるのですが、記事の書き方は恐怖を煽る姿勢が目立ちます。今から10年後の2020年は日本が国連で世界に温室効果ガスを1990年比で25％削減することを約束した年です。近々報告される第5次IPCC報告書の内容と、今論じられている対策がどのような結果になっているのか注目したいところです。

科学技術の役割は、未知の事象を発見し、物理化学の現象を普遍的な原理で説明することだけではなく、未来を予測し、その対策を提言することも含まれるのでしょうか。ハーシェルは、ニュートンやケプラーの理論と観測を基礎にして惑星の位置を正確に予言しました。物理学者の湯川博士も素粒子論によってπ中間子の存在を予測したことは高校の物理で習いました。地球温暖化や化学物質の危険性は、これらの予測と同じ範疇なのか疑問も感じます。わかりやすくマスコミの記事にして未来社会に警鐘を鳴らすのも科学者の重要な責務ではありますけれど、などと10年前の古雑誌を見て改めて考えるのです。

35　コンクリートから人へ

2010年2月12日

ローマ時代の街道は立派な敷石舗装がされていて、歩道、車道（馬車）の区分のほか、道路際に街路樹を植えないよう詳細に規定されています。昨年ある自治体主催の講演会でこの話をしましたら、「私の街では、歩道に街路樹を植えています。街路樹が人々の心を癒し環境を守っているのです。ローマの松はいまでも道路際に植えられていて環境を守っています。街路樹を否定するような話はおかしいと思います」という道路課の人からのコメントをいただきました。

残念ながら、ローマの道路の図面をお見せできなかったのですが、実際には「街道の表面をゆるい弓形にして、排水構造にする」「地下に伸びる根による道路侵食防止のため敷石舗装のすぐ外側に樹木を植えることを厳禁」「すべての街道は車道と歩道を分離する」などが規定されています（塩野七生著『ローマ人の物語』、新潮文庫から引用）。

苦しむ街路樹

２３００年前に着工された現存のアッピア街道を実際に見ますと、確かに街道沿いに独特の形状をした有名な「アッピア街道の松」が植えられているのですが、松は車道からはるかに離れた位置に植えられています。２３００年前にこんなことを考えて道路を設計した古代ローマ人に頭が下がります。樹木のほかに歩道には休憩用のベンチもありますから、人々の癒しを考えての設計だったのです。

今の筆者の勤務先がある麹町は、英国大使館や千鳥淵公園などもあり、比較的緑の多い街です。新宿通りの街路樹は車道からわずか６０センチの距離に植えられています。最近は根元の周囲に放射状の鉄枠や空間があり、雨水が地下にしみこむように工夫されています。

しかし、よく見ますと、歩道が根の成長によってすこし盛り上がっているのがわかります。車道側は、車が常時通るので目には見えません。木の根も成長したいけれど天井がアスファルトで固められていて、さぞ窮屈で苦しいと思います。最近は歩道の敷石に透水性のリサイクル路盤材も使われるようになりましたが、大部分はアスファルト舗装です。日本の道路はアスファルトだけでなく、用途に応じてコンクリートも多く使われているようです。

美しい日光の杉並木や大磯の松並木は、街道が舗装されていない300年以上昔にできたのです。もちろんガス管や水道管もない時代です。後から人が舗装をし、根の上を車が通るのですから、木は悲鳴を上げていることでしょう。

さて今度は、鉛が含まれているテレビのブラウン管のファンネルガラスの処理方法についての話題です。日本ではブラウン管式テレビは過去のものになり、液晶やPDPの薄型テレビばかりになりました。しかし、リサイクルプラントでは今後もブラウン管式テレビの処理をしなければなりません。2008年度は520万台以上のブラウン管式テレビを処理していますが、今後もブラウン管式テレビは排出され続けるでしょうから、今から10年後の2020年でも20万台程度は処理する必要があるのです。

しかしこれからは、新規のブラウン管市場はなくなるわけですから、現在のブラウン管ガラスを再びブラウン管に戻す水平型リサイクルができなくなります。鉛ガラスの用途はブラウン管以外にもありそうに考えられますが、鉛が含有されているためガラス瓶や食器には使用できませんし、光学ガラスやシャンデリアの市場規模はきわめて限られているのです。

回収されたブラウン管

そこで、今後は鉛を含有しているファンネルガラスをコンクリート固化(正確にはセメント固化)してから埋め立てる案が取りざたされています。もともとガラス固化という放射性廃棄物の処理法があるくらいです。ファンネルガラスは安定な物質ですが、数ミリ以下に粉砕して酸に浸し、振動を加える溶出試験を行えば鉛成分が浸出してきます。

安定ということは、不可逆ということでもあります。ガラス固化されているファンネルガラスをコンクリート固化すれば、それは安心です。そのかわり鉛は二度とリサイクル使用ができないことになります。

日本語の「埋立て」という言葉は最終処分することを意味します。ドイツでは埋立処分を「Muellhalde」といって蓄積することを意味するのですと、神戸山手大学の中野加都子教授から教えていただきました。本来の埋立処分は、将来の利用を考えた蓄積なのです。日本でも都市鉱山という考え方がでてきましたが、コンクリートで固めた鉛ガラスは最終処分であり、永遠にリサイクルは不可能なのです。

人類は多くの素材を人工物として利用しています。石材、木材、金属、プラスチック、そしてコンクリートは堅牢で安価であるため自然からの猛威に対して多くの人を助けてくれました。ビル、ダム、道路、港湾、橋、消波ブロックなど、その利便性は計り知れません。しかし、コンクリートは、街路樹を苦しめ、リサイクルを不可能にし、自然を破壊する素材でもあるのです。

ところで、街路樹の植え方など気にしていませんでしたが、日本にはどのような基準があるのでしょうか。今こそ再び、ローマ人の知恵を参考にする必要があるように思います。

36 エレベータートーク

２０１０年３月１８日

プレゼンテーション時間を厳守することの重要性は、アメリカで教えられました。ＮＡＳＡ（アメリカ航空宇宙局）では、しばしばワークショップやシンポジウムが開かれています。多くの国、機関、会社に分割された膨大な宇宙ステーションのシステムをまとめるには、部門間の情報交換が最も重要なのです。各人の持ち時間は厳しく制限されています。「あなたが時間をオーバーすることは、他人の発言時間を奪うことなのです」と言われました。あるワークショップで講演者が制限時間をオーバーした時、その場で座長は発言の停止を命じました。

部門間のインターフェースを調整する技術調整会議も頻繁に開催されます。こちらは、発言時間を封じて技術調整ができなければ危険です。しかし、ここでも発言時間は決められています。また、誤解を招きやすい表現や文書も修正を求められます。会議の時間よりも出席者が署名する会議の議事録を作成する時間の方が長くなることもよくあります。ここでもまた、座長の進行の手腕が問われるのです。

一時期ですが、アメリカで「エレベータートーク」の訓練が流行りました。短時間で相手の

時間オーバーは他人の権利を奪うこと

心をつかむ話術のことで、エレベーターの中で「後で時間を取るから、その話をゆっくり聞かせて欲しい」と社長に言わせるのが目的です。外部の人がいる可能性があるので、最近は会社でも役所でもエレベーター内での会話は厳禁です。それに役員専用エレベーターも増えていますから、一般社員が社長に話しかける機会はますます少なくなっています。エレベーター内での会話は非現実的になりました。

しかし、プレゼンテーションの重要性はますます高まっています。成果報告会でも決められた時間内で意見を主張できなければ、意味がありません。相手がその道の専門家である場合もあるし、全くの門外漢のこともあります。3分間で、10分間で、30分間で同じ内容を相手に伝え、納得させ、3分間は意外に長いですし、30分間相手を集中させることは意外に難しいことがわかります。

同意してもらう訓練が必要です。

宇宙開発では、そのプロジェクトに直接関わりのない専門家による「設計審査」が重要なイベントです。ひとつのプロジェクトを推進するだけも大変なことですから、直接関わりのない専門家を動員するためには、よほど人材が豊富な会社や組織でないとそんな審査会はできません。そこでも重要なことは部外者に理解してもらえるプレゼンテーション技術です。この場合は素人相手ではありませんが、当然時間制限があります。

今では、大学や研究機関の成果も外部委員によって評価を受けるようになりました。ファンド機関への研究申請も事務局だけではなく、外部評価委員が採否を審査します。利害関係がなくて、視点の異なる外部の専門家から評価されませんと研究テーマは採択されません。採択後も研究の途中経過が審査され、研究が中止させられることもある仕組みです。

ここでも、外部の専門家に専門的内容を理解してもらうプレゼンテーション技術が重要です。難しい内容でも、レベルは落とさずにわかりやすく説明する能力が求められます。審査員には事前に分厚い審査資料が配られるのですが、「細かなことは資料をお読み下さい」では審査になりません。決められた時間内で、あらかじめ用意したフリップやパネルを使用して、要点をわかりやすく、しかも面白く説明できることが重要です。

本当の専門家は、短時間の審査会でもびっくりするような鋭い質問をします。理由は意外に簡単です。講演者自身は膨大な情報と資料を持っているのですが、審査する側は、プレゼンテーション内容とその場の配布資料しか見ないのです。不思議なことに十分吟味したはずの配布資料やプレゼンテーション内容に齟齬があるのです。審査員が細かな用語や数値を質問すると、「あの人は大局的な見方ができない」などと陰口を言う人がいます。しかし、プレゼンテーションの中の細かな用語や数値に関する質問に答えられないようでは、その他のすべての内容が心配になります。決して雄弁多弁でなくてもかまわないのですが、その場で回答をとっさに考えたり、内容に自信がないと、声も小さくしどろもどろになるものです。

小林先生や利根川先生などノーベル賞受賞者の一般向け講演はなぜわかりやすく面白いのでしょうか。本当の専門家は、高度の内容をわかりやすく説明できるものなのです。よくわかっていない人に限って、わかりきったことを難しく説明するのです。

37 真摯な討論

2010年5月13日

筆者の大先輩で企業を退職後、大阪府の藍野大学で物理学を講じている木下親郎先生からのメールです。

「最近学会の発表がつまらなくなったという話を聞きました。座長も発表者も時間ばかり気にして、発表後の質疑が実に簡単で議論にならないのです。昔は議論が白熱して懇親会までもつれ込むことも多かったとか。我々の学生時代には、学会の講演者に聴衆から厳しい反対意見が出て、しばらく議論が続くのは普通の光景でした。最近のシンポジウムは、時間厳守が最も大切な条件で懇親会は同じ信仰?を持つ人たちの親睦会になったように思います。」

学会といえば、最近最もホットな話題が地球温暖化です。IPCC［気候変動に関する政府間パネル（Intergovernmental Panel on Climate Change)］は、各国政府へのアドバイスを目的に設立された組織です。参加した科学者は、新たな研究を行うのではなく、既に発表された研究を広く調査し評価を行うことが任務で、特定の政策を提案するための組織ではありません。第4次評価報告（AR4）は3年の歳月と450名を超える代表執筆者、800名を超える執筆協力者、そして2500名を超える専門家の査読を経て2007年2月に公表されました。日本からも30名を超える経済学者を含む専門家が執筆に参画しています。以来、地球温暖化対策の推進は国内外の政治の世界では既定の事実のようになりました。

しかし、書店では地球温暖化論への懐疑論、異論の書籍が売れています。また、温暖化論者の手による懐疑論撲滅のための学術的？報告書も出されています。

エネルギー・資源学会では、2009年に双方の論客による誌上討論が行われました。その討論内容は学会誌だけでなく、e-mail 討論としてホームページに公開されています（http://www.jser.gr.jp/activity/e-mail/boutou1.pdf）。

誌面なので時間無制限の真摯な討論が行われています。最大の特徴は、多少感情的な表現も含めて異なる立場の人達が互いに資料を駆使して発言し、公正なディベートになっていることだと思います。ここで両者の主張を比較するつもりはありませんが、多数派が必ずしも正しくないことは科学の世界でも同じだと思います。

エネルギー・資源学会での誌上討論を企画された吉田英生教授（京都大学）は前書きで、「後世の読者に対しても2009年の時点における科学的知見のアーカイブとなることを願っています」と記述しています。

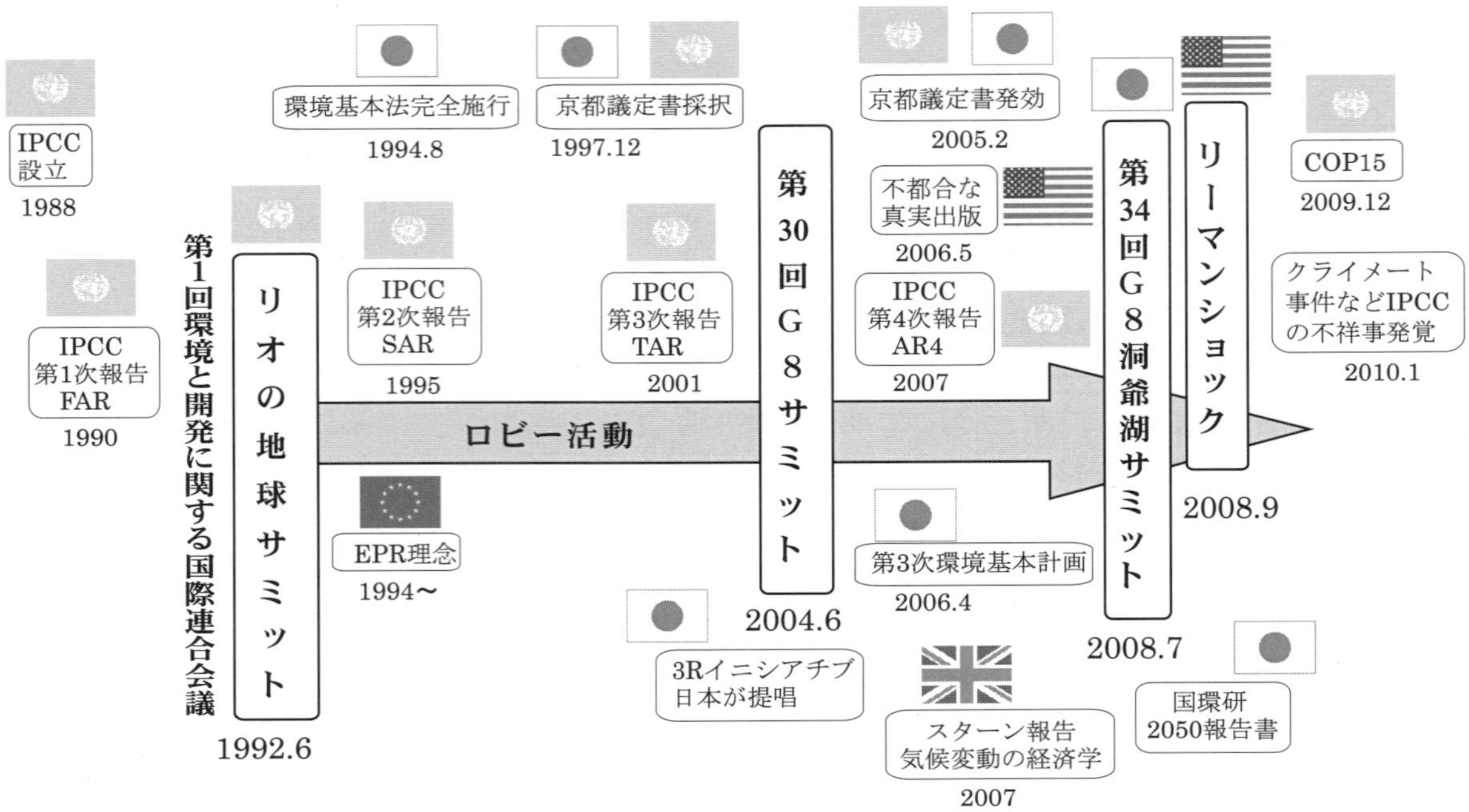
IPCC
設立
1988
IPCC
第1次報告
FAR
1990
第1回環境と開発に関する国際連合会議
リオの地球サミット
1992.6
環境基本法完全施行
1994.8
IPCC
第2次報告
SAR
1995
EPR理念
1994～
ロビー活動
京都議定書採択
1997.12
IPCC
第3次報告
TAR
2001
第30回G8サミット
2004.6
3Rイニシアチブ
日本が提唱
京都議定書発効
2005.2
不都合な
真実出版
2006.5
IPCC
第4次報告
AR4
2007
第3次環境基本計画
2006.4
スターン報告
気候変動の経済学
2007
第34回G8洞爺湖サミット
2008.7
リーマンショック
2008.9
国環研
2050報告書
COP15
2009.12
クライメート
事件などIPCC
の不祥事発覚
2010.1

地球温暖化の鳥瞰的な流れ

懐疑論者は、過去の自分の研究結果や支持する論文が過小評価されていることや断定的な表現に憤慨しているのです。他方でマスコミには登場するけれど、このような学際的な討論には参加しない懐疑論者の中には、そもそも気候・気象の分野に全く関係のなかった便乗的な環境学者もいます。賛成論者の中にも「温暖化に懐疑を唱える人がいるのは日本だけだ。世界では温暖化は常識だ」と、非科学的な発言をする強圧的な権威ある科学者もいます。

四面楚歌であったガリレオの地動説が４００年後に評価されたことを思えば、この討論結果の真偽が、わずか１０年後の２０２０年に誰にもわかるのは楽しみと言えます。研究にも討論にも参加せず、マスコミで論陣を張っている双方の著名人の名前もアーカイブに残しておくべきでしょう。

ＩＰＣＣの報告は学術論文ではありませんし、各国政府に政策を提案しているのでもありませんが、いつの間にか政治的な影響力が強くなっています。各国政府が実施しようとする温暖化対策への批判と支持が交錯し、学術的な議論を複雑にしています。温暖化問題の最大の不幸は、学術的な課題に国内外の政治が関わっていることであると思います。「温暖化対策を今すぐ具体的に講じなければ間に合わないのです」「結果が判明した時はもう遅い！　地球が破滅しているのです」、こんな言葉を、政治家でなく科学者が発言するようになってしまいました。

気候変動の分野が物理現象を扱う科学であることは理解しますが、こんなにも政治的な分野になったのは、世界史上初めてではないでしょうか。最近は科学者だけでなく、経済社会学者も含め、「緑の学者」「茶色い学者」などの色分けもされています。温暖化問題は学者の「学の独立と学者生命」を失わせる危険があるようです。

ＩＰＣＣの報告に対して、海外から衝撃的なニュースが入ってきました。一つは２００９年１１月に「クライメートゲート事件」と名づけられたＩＰＣＣと直結しているイギリスの気候研究所ＣＲＵのサーバーがハッキングされ、電子メールやデータの脚色が明らかになった事件です。これに対して報告書の結論には影響ないとＩＰＣＣは主張しています。もう一つは、「ヒマラヤの氷河が２０３５年までに消失する」という報告は誤りであったとする報道で、２０１０年1月にＩＰＣＣ自身も誤りを認めています。フランスに本部があるＩＣＳＵ(International Councel for Science: 国際科学会議）や米国のＡＡＡＳ(American Association for the Advancement of Science: アメリカ科学振興協会）も、深刻にＩＰＣＣの改革を提案しています。

次回の第5次ＩＰＣＣ報告作成にあたってＩＰＣＣ自身も国際連合も、いろいろの声明や対策を発表しています。その内容は、日本の環境省のＨＰでも見ることができます(http://www.env.go.jp/earth/ipcc/4th_rep.html)。日本のマスコミがこれらの詳細な続報をしないのは極めて疑問です。

いろいろな意味で、ＩＰＣＣの第5次報告書が楽しみですが、そんな先のことどっちでもいいじゃないか。政治家や学者に言われなくても省エネはとっくの昔からやっているし、結果的に利益になるのだから、これが多くの経済人の内心かもしれません。いずれにしても自然現象なので、あと１０年もすればどちらが正しいかの決着が着くことなので、楽しみです。

38　環境ディバイド

２０１０年６月２４日

デジタル・ディバイド（Digital divide）という用語があります。外務省のＨＰによれば、以下のようです。(http://www.mofa.go.jp/mofaj/gaiko/it/dd.html)

①デジタル・ディバイドとは、わが国の法令上用いられている概念ではないが、一般に、情報通信技術（特にインターネット）の恩恵を受けることのできる人とできない人の間に生じる経済格差を指し、通常「情報格差」と訳される。

②デジタル・ディバイドには、（1）国際間ディバイド、（2）国内ディバイドとがあり、国内デジタル・ディバイドは、（3）ビジネス・ディバイド（企業規模格差）、（4）ソシアル・ディバイド（経済、地域、人種、教育等による格差）に分けることができる。

また、デジタル・ディバイド発生の主要因は、アクセス（インターネット接続料金、パソコン価格など）と知識（情報リテラシーなど）と言われているが、動機も大きな要因であるとの分析もある。

③デジタル・ディバイドは、あらゆる集団の格差を広げてしまう可能性を有しているため、その解消に向けて適切に対処しないと新たな社会・経済問題にも発展しかねない。他方、デジタル・ディバイドを解消し、ＩＴを普及させることは、政治的には民主化の推進、経済的に

は労働生産性の向上、文化的には相互理解の促進などに貢献すると考えられる。

元々は、１９９９年にアメリカ商務省が発表した報告書での造語です。デジタル・ディバイド解消のためと称して、中古パソコンや携帯電話などの使用済みＩＴ機器が先進国から途上国に大量に輸出され、それが途上国を汚染する電子ゴミ（E-waste）になっているのは皮肉なことです。

環境分野では最近多くのディバイドが発生しています。以下は筆者の造語ですから、辞書には載っていません。

①**ＤｆＥディバイド**(Design for Environment divide)は、リサイクルプラントで実際に自社製品をリサイクルしている企業と、リサイクルを単に委託している企業との間に生じる格差です。設計者が実際にリサイクルの解体作業を体験できる企業の製品は環境適合設計(ＤｆＥ)が進み、ますますリサイクルしやすくなります。言うまでもなく、これが可能なのは世界でも日本の電気電子情報機器産業だけでしょう。自動車産業はせっかくある自動車リサイクル法のスキームのリサイクルプラントを、設計にもっと利用すべきでしょう。

②**環境コンソーシアムディバイド**(Environmental Consortium divide)は、化学物質規制のディバイドです。欧州発のＲｏＨＳ指令(Restriction of the use of certain Hazardous Substances)やＲＥＡＣＨ規制(Registration Evaluation Authorization Chemicals)などの化学物質規制が事実上の世界標準(De facto standard)になっています。

これには、企業単独では対応できません。企業間で情報を共有するための組織が必要です。世界中から部品材料を調達する組立て産業では、トレーサビリティーが必須になり、この組織も国際的になります。自動車産業ではＩＭＤＳ（International Material Data Systems）、電気電子産業ではＪＧＰＳＳＩ［グリーン調達調査共通化協議会（Japan Green Procurement Survey Standardization Initiative）］、塩ビなど素材を含む産業全体ではＪＡＭＰ［アーティクルマネジメント推進協議会（Joint Article Management Promotion-consortium）］などがあります。化学物質規制に対応するためには、これらのコンソーシアムを利用しないと事実上ビジネスができません。

③**環境ツールディバイド**（Environmental Tool divide）も新しい分野です。環境評価指数であるＬＣＡ（Life Cycle Assessment）は大半の国民が知っていますが、実際に自社の製品にＬＣＡを使いこなしている企業は、そんなに多くはありません。環境部門に多数のスタッフを抱える大手企業は別にして、通常はコンサルタントによる指導が必要です。そのほかにも新しい環境評価ツールが次々と現れています。ＭＦＣＡ［マテリアルフローコスト会計（Material Flow Cost Accounting）］、Ｃ-ＦＰ［カーボンフットプリント（Carbon Foot Print）］、Ｗ-ＦＰ［ウオーターフットプリント（Water Foot Print）］などもＩＳＯ化を睨んで、世界をリードするためにと役所も普及に力を入れています。

これらの指標は、実際に製品やサービスに適用して初めて意味がわかりますが、そのためには、資料を読み有識者の講演を聴くだけでは使用することは難しく、専門のコンサルタン

広がる環境ディバイド

環境ディバイド事例	内　容
デジタル・ディバイド Digital divide	パソコンやインターネットなどを使いこなせる企業と使えない企業との格差。国家間，地域間，個人間の格差を指す。アメリカ商務省が 1999 年に公表した造語
環境配慮設計ディバイド DfE divide	リサイクル現場を知る企業と知らない企業とでは，環境配慮設計で大きな格差が出る（筆者の造語）
環境コンソーシアムディバイド Environmental Consortium divide	IMDS，JGPSSI，JAMP などの環境コンソーシアムに参加する企業と参加しない企業の格差（筆者の造語）
環境ツールディバイド Environmental Tool divide	LCA，MFCA，CFP などの環境ツールを使える企業と使えない企業の格差（筆者の造語）

トによる指導や講習を受けないと実際には使いこなせません。いち早く非製造ビジネスによる指導を受けた企業と出遅れた企業とでは、大きなディバイドが生じるのです。

これらのディバイドを総合して「環境ディバイド」と呼んでみました。かつて流行った「QC診断」や「VA、VE」の手法を思い出されるかもしれませんが、「環境ディバイド」の大きな特徴は、単なる利益追求ではなく、「地球環境のため」「低炭素社会実現のため」などの大義名分があることです。そして、「ディバイド」という名が示すとおり、法律で決められているわけではないのに、知らなければ格差の中に沈んでしまい、ビジネスでも敗北してしまうことです。

「環境ディバイド」の種類は、これからもっともっと増えるでしょう。長い目で見れば、その中には淘汰され消えていくものもあるでしょう。しかし、当面は大きく「目と耳を」そばだてていくしかないようです。企業の中のスタッフである環境部門の役割がますます重要になってきます。

39 環境と寿命

２０１０年7月２９日

人間を含む生物や植物には寿命があります。古来、不老長寿は人類の夢でしたが、衣食住の充足と医療の進歩によって、人類の平均寿命はますます延びています。それが人類にとって良いことなのかどうか、恐らくどこかに限界があると思います。

人工物である工業製品にも当然寿命があります。現存する世界最古の木造建築である法隆寺は6世紀に、中国の万里の長城は紀元前7世紀に建造され、まだ健在です。これらの建造物、家具、骨董品と現代の工業製品とは、機能目的が全く異なりますので、比較はできません（最近の「もったいない」運動では、このことを混同している向きも見られますが）。

現代の工業製品である自動車や電気電子製品は、１０年から１５年で寿命を迎えます。メンテナンスが十分にされる船舶や飛行機でも、平均して２０年程度でしょう。大正時代のモーターがまだ動いている事例もあるようですが、それにしても工業製品の寿命は短いと言えるでしょう。

現代の人類が英知を注いで建造した人工物である国際宇宙ステーションの設計寿命は15年と言われ、2015年には運用終了です。恐らくメンテナンスと修理を重ねて2025年まで運用の延長がされる見込みですが、将来人類がここに居住できるようになるとはとても思えません。

さて、寿命が長い工業製品は本当に環境負荷が小さいのでしょうか。日本の国是になった3R (Reduce, Reuse, Recycle) の中でリデュースは、工業製品の設計段階の部品材料の選定、省資源、製造使用段階の省エネルギーと長寿命化、そして廃棄段階のゴミの発生抑制を目指した標語です。しかし、最近では無条件に長寿命化することよりも技術の進歩に応じて、より省エネルギーの製品に置き換えることの方が全体の環境負荷が小さくなることがLCAによって明らかになっています。

その時、問題になるのが現在使用している製品の寿命です。あと何年使えるのか？　これを余寿命と言いますが、それがわからないのです。平均的には15年程度と言われる家庭用電気冷蔵庫も、それはあくまで平均値であり、我が家の冷蔵庫が本当に15年持つのか、それとも明日故障するのか個別には不明です。

冷蔵庫の電源を切ったり入れたりする人はいないでしょうが、テレビの場合は、長時間見る人とほとんど見ない人との場合では、寿命が当然異なります。洗濯機でも日の当たるベランダに置かれた場合と室内で使用される場合とでは寿命が異なるでしょう。余寿命は、「見える化」

工業製品の寿命

工業製品	寿　命	備　考
自動車	自家用車：10.8年 トラック：11.2年	（財）自動車検査登録協力会，2006年資料
家電製品	ルームエアコン：13.9年 CRT型テレビ：12.5 年冷蔵庫：14.5年 洗濯機：11.2年	経済産業省，2003年度データ。毎年，家電リサイクルプラントで実地調査が行われている
ノートパソコン	7.5年±2.9年	JEITA，2005年報告
携帯電話	2.6年	内閣府，2005年調査
人工衛星	運用寿命3～5年	姿勢制御用燃料で決まる
有人宇宙ステーション	設計寿命15年	2025年まで延長
石油タンカー	18年程度	18年程度
航空機	20年程度	運用とメンテナンスにより異なる

が求められる環境情報の中で最も見えにくい情報の一つなのです。

そこで、余寿命を管理する一番簡単な方法は、累積使用時間を知ることです。自動車の場合は、道路運送車両の保安基準第46条により積算走行距離計（オドメーター）がついています。それに加え車検制度があるため、実際はブレーキホースやファンベルトなど重要保安部品を交換するだけで十分使用できるのに、「2回目の車検なので買い替えよう」「10万キロ走ったから寿命かな」などの判断をユーザーがしています。多くの自動車メーカーが外観をしばしばモデルチェンジする理由も、そこにあるのでしょう。

電気電子製品でも航空機用装置などの高度製品には「積算時間計（アワー

メーター)」がついていて、余寿命管理が行われています。一定時間経過したら専門家による点検や部品交換を行うのです。使用時間だけでなく、温度や振動などの周囲条件が記録される場合もあります。これがメンテナンス管理です。メンテナンスは製品に精通し、高度の修理技術を持つ専門家でなければできません。宇宙ステーションや大型の化学プラントなどでは、この管理が徹底しています。故障が起きてから修理するよりも、故障の前に手入れする方が費用も時間も少なくて済みます。そして何よりも安全です。

残念ながら、一般家庭で使用される電気製品のメンテナンス費用の捻出には大きな抵抗があります。メンテナンスフリーで故障するまで使い続け、故障したらすぐ新製品に買い替えるのが普通なのです。修理したくても、部品が無い、修理費用が高い、時間がかかるという批判もあります。電気製品は価格が安いため気楽に買替えができることも、メンテナンスにお金をかけない大きな理由だと思います。

環境負荷を低減するには、ライフサイクル的な考え方が必要です。家庭用品でもメンテナンス費用を惜しまず、故障する前にメンテナンスをすることが結果的には費用も安くなるのです。場合によっては、修理せずに「最新の省エネ製品」に買い替える方が得かもしれません。その前提は、高度の技術を持ち信頼できる専門家による診断です。

そのための第一歩がすべての製品に「積算時間計(アワーメーター)」を装着することです。価格競争の激しい電気電子産業では、僅かな部品追加もコストアップになり躊躇しますが、最近では人の有無を感知する先進的な省エネエアコンやテレビも商品化されています。製品の累積使用時間を一般の消費者にも「見える化」することが、メンテナンスに関心を持たせる第一歩でしょう。

製造者にとっても、累積使用時間を判断基準にした高度なメンテナンスシステムを構築すれば、新たな環境ビジネスモデルになるのではないでしょうか。

製品の保証書にも「1年間または6000時間使用したら有料点検をしてください」などと書かれるようになるかもしれませんが、まずは製造者が新たなビジネスチャンスと認識することが重要であると思います。

40　環境教育

2010年8月26日

「今の若い者は……」と同じく、「教育が重要だ」と言い始めたら、その人の進歩が止まった証拠だと言います。何時の世も同じで、本当は若い人の方が進んでいると思うのですが。環境教育については、**17項**「ジャンプ」と**28項**「環境は科学か？」でも書きましたが、ここでもう一度取りあげます。

教育は、学年が低いほど影響が大きいと言われています。最近見直し論のある小学校の総合学習でも、環境が取り上げられるようになりました。

数年前ですが、筆者が招かれた小学6年生の総合授業では、環境のテーマで電気製品のリサイクルについて話してほしいと言われました。1回目は「環境ってそんなに単純ではないのだけれど」と思いながらリサイクルの重要性を話ました。後で書かれた感想文には全員が見事に「リサイクルの重要性」を書いてきました。2回目は子供たちの自主研究です。挙げられたテーマは、近隣の川、自動車の排ガス、酸性雨、山に建設されるマンション、……。これが小学6年生の子供たちが自分で考えた研究テーマです。みごとに新聞、テレビからの情報です。子供はすぐに教師とマスコミの影響を受けるのです。この学校の担当教諭はきわめて熱心で、好感の持てる先生でした。それだけに、教育の効果は恐ろしいと思いました。

２００１年の大学入試センター試験に「ＬＣＡ」、２００６年には「３Ｒ」が4択問題で出題されました。大学入試の社会的な影響は大きく、それ以後、高校の先生も予備校の先生も父兄もそしてもちろん受験生も、用語の意味として「ＬＣＡ」「３Ｒ」の意味を勉強するようになりました。日本は世界で最も「ＬＣＡ」と「３Ｒ」が国民用語として普及している国になっているのです。もちろん読者の皆さんは「ＬＣＡ」と「３Ｒ」の意味はご存知でしょう。

２００８年に文部科学省が「全国国立大学での環境科学技術分野への取組み」を調査しました。それによると、調査対象２２７大学中２１３大学で何らかの環境研究組織が存在しています。私立大学を加えると、さらに多くの大学で環境に関する研究と教育が行われているのです。しかし、そこで環境を学び研究する学生の大多数は、卒業しても教員にはならないのです。

文部科学省では、「環境教育の目標」(『環境教育指導資料』中学校・高等学校編１９９１年、

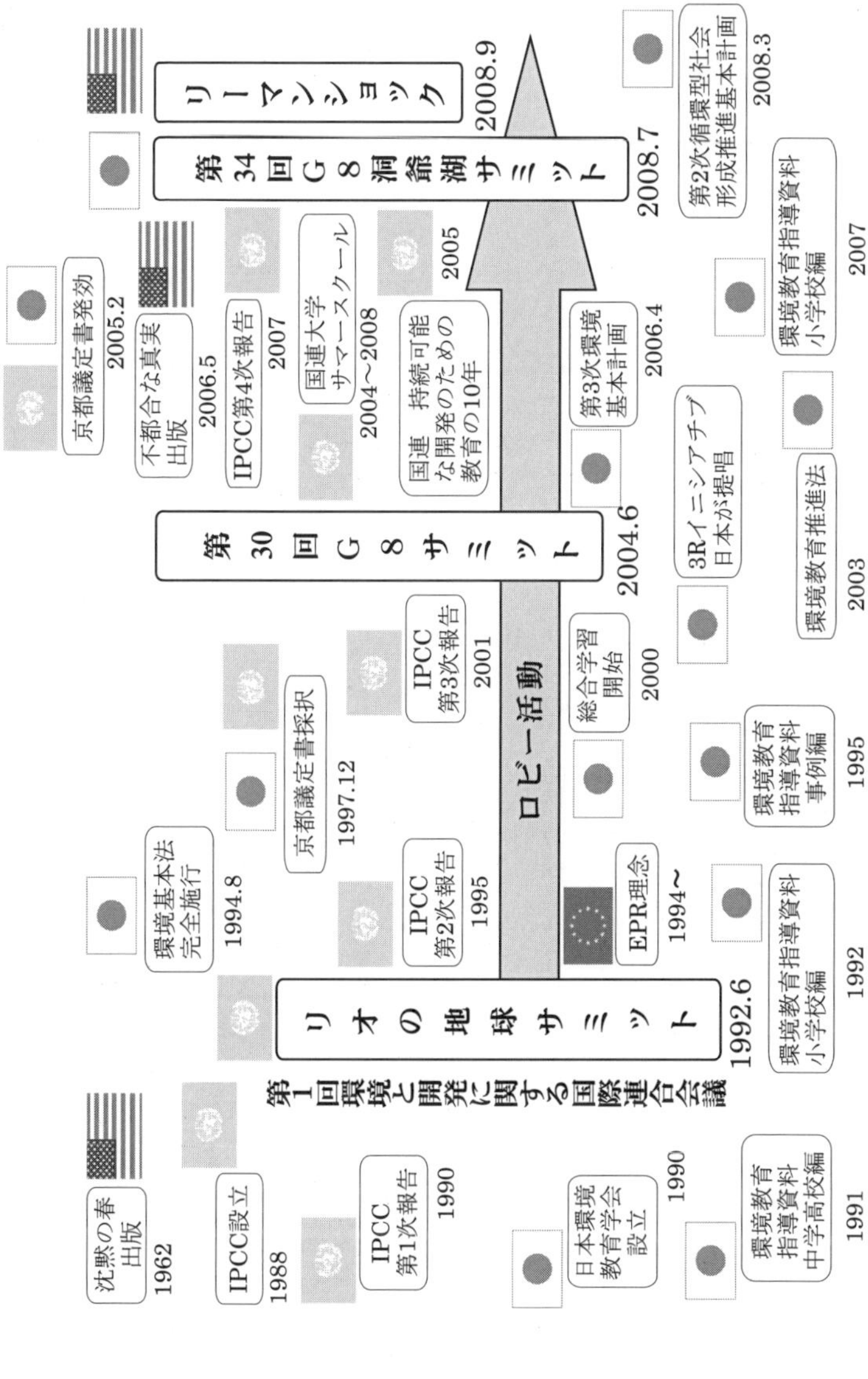
沈黙の春出版
1962
IPCC設立
1988
IPCC第1次報告
1990
日本環境教育学会設立
1990
環境教育指導資料中学高校編
1991
第1回環境と開発に関する国際連合会議
リオの地球サミット
1992.6
環境教育指導資料小学校編
1992
環境基本法完全施行
1994.8
IPCC第2次報告
1995
EPR理念
1994～
京都議定書採択
1997.12
環境教育指導資料事例編
1995
IPCC第3次報告
2001
総合学習開始
2000
ロビー活動
第30回G8サミット
2004.6
3Rイニシアチブ日本が提唱
環境教育推進法
2003
京都議定書発効
2005.2
不都合な真実出版
2006.5
IPCC第4次報告
2007
国連大学サマースクール
2004～2008
国連　持続可能な開発のための教育の10年
2005
第3次環境基本計画
2006.4
環境教育指導資料小学校編
2007
第34回G8洞爺湖サミット
2008.7
第2次循環型社会形成推進基本計画
2008.3
リーマンショック
2008.9

環境教育の鳥瞰的な流れ

小学校編1992年）および「環境教育で身につけたい能力と態度」（『環境教育指導資料』中学校・高等学校編）を出しています。この内容は、さらに改定され進化しています。日本の環境教育の指針作りは立派だと思います。しかし、最大の課題は、小学校の教員、中学・高等学校で環境を担当する教員の環境教育が、教員養成大学や学部で十分に行われていないことです。「日本国憲法」は教職課程では必須になっているようですが、「環境の基礎」を教えられていない人が教員になるのです。

結果的に環境に熱心な先生ほど「新聞やテレビ」のマスコミ報道をそのまま教えたり、教材に使用したりするのです。子供は低学年ほど言われたことを素直に信じてしまいます。「ものを大切に使いましょう」ならよいのですが、「ダイオキシンは猛毒です」「植物から作る燃料は環境に優しいのです」「プラスチックは環境に悪いのです」「天然の食物は安全です」などと教える、環境に熱心な中学校の先生がいるのには困ったものです。

1962年に出版されたレイチェル・カーソンの『沈黙の春』は、農薬類の問題を告発した書として評価されている古典ですが、高校生の教材としては疑問です。2007年のアル・ゴア著『不都合な真実』はイギリスで保護者から告訴され、裁判所が教材としての使用を禁止しているほど事実誤認が多い本です。これらの本が大人を対象とした環境啓発書としての役割は否定しませんが、十分な基礎知識を持たない「環境に熱心な」教師が子供用に使用することは危険です。

多くの環境問題は現在進行形であり、解釈も多様です。すぐ結論だけを報道し、誤報を訂正しないマスコミと環境教育が同じでは困ります。他方で「さあ、皆さん考えましょう」という最近流行の「考えさせる教育」も、物理、化学、数学などの基礎科目ならよいのですが、考える基礎知識がまだ十分ではない、低学年の子供には不適切です。

初等中等教育だけではありません。「塩ビＮｏキャンペーン」「環境ホルモン問題」が華やかな頃、日本の大学に留学していた学生が当時の環境派の先生からそれを学び、帰国して研究者や大学教員になり、塩ビや環境ホルモンの「危険性」を学生や子供に教えているのを実際に聞くと、大学での環境教育の恐ろしさも感じます。

環境問題は時代、国・地域、組織によって、評価と解釈が異なるのが現実です。これらを理解するためには、社会科学を含む様々な科学的な基礎教育が必須になります。小学校や中学・高校などで大切な環境の基礎とは、新聞やテレビの受け売りではなく、「地球の構造」や「気象の話」「人文地理」、そして「物理・化学」などではないでしょうか。高校生なら「リスク評価」の基礎を教えてから、いろいろの化学物質の害の比較を客観的に教えることもできます。

筆者も教育について語るようになってしまいました。齢をとった証拠でしょう。皆さんはどのようにお考えですか。

エピローグ　提言

書き連ねてきました各項目は、時々のテーマについての感想や意見を「随想」として述べたものですが、最後に筆者の小さな提言を述べて本書の「納め」といたします。

それは、「環境は市場が決める」、そして「政策はＬＣＡで決める」です。環境は法律を作れば解決するものではありません。普及を促進するのは市場であり、科学的な判断ができるのがＬＣＡなのです。

環境は市場が決める

有識者からいろいろの環境製品の提案を受けることがあります。人がいなくなると自動的に消えるテレビ。消費電力を知らせるエアコンやテレビ。人がいる所を狙って冷気や暖気を送るエアコン。自動的にフィルターを掃除するエアコン。モーターの廃熱を利用した衣類乾燥機。着座する時だけ温まる温水洗浄便座。人が通ると点灯する照明。これらは今では商品として市場に出ています。電気製品ばかりですが、それだけ多くの人々に身近だからでしょう。

筆者が企業にいた頃も、社内で多数の商品や技術のアイディアが提案されていました。冷蔵庫だけでも、「保存品の品切れを音声で知らせる冷蔵庫」「電子レンジを組み込んだ冷蔵庫」「テレビが見られるテレビ付き冷蔵庫」「中身が見える透明冷蔵庫」。驚いたのはこれらのアイディアがなんと30年前に既に出されていたことです。試作され市販されたものもあります。どんなに便利なものでも、どんなに環境に良くても、継続的に売れなければ商品にならないのです。つまり「製品は市場が決める」のです。

5項で取り上げた環境適合設計（DfE）や**8項**で紹介した易分解性設計（DfD）が行われた製品は、外観だけではわかりません。ということは、環境配慮製品も市場では評価されにくいということになります。

すべては市場で評価されるのですが、それでは「市場」とは誰が作るのでしょうか。市場の範囲は、一般消費者対象の商品【BtoC (Business to Customer)】、部品・素材などの企業間取引【BtoB (Business to Business)】、株式・金融などの商品 (Financial Instrument) など幅が広いのですが、最も身近な市場はお店での店頭販売でしょう。

環境のイベント会場で行われるインタビューで「あなたは環境に配慮した製品を購入しますか」と聞きますと、ほとんどの人が「もちろん買いたいと思います」。「価格が高くて、見栄えや性能も悪くなりますが」と聞いても、「うーんそれは困るけどやはり買うと思います」と答えます。しかし、現実の販売店では「価格が安い製品」「有名ブランド品」「性能が良い製品」「皆が買う製品」が売れます。残念ながら「環境ラベル」などは「べたべた貼ってあるが、ほとんど見ない」という答も大多数です。

それでは、「環境に良い製品」だけが売れるような仕組みはできないでものでしょうか。答があります。「環境に良い基準を作って、それ以外の製品の製造販売を法律で禁止すること」です。しかし、それを法律にすることは不可能です。世界中の先進国、とりわけ日本では「個人の自由」の方が優先するのです。

「環境に良い製品の製造販売促進」の答のひとつが『グリーン購入法』です。グリーン購入法の正式名称は『国等による環境物品等の調達の推進等に関する法律』です。国立病院、裁判所、省庁など国の機関には、環境に良い製品の購入を法律で義務づけているのです。地方自治体には「努力義務」、そして多数を占める民間（企業や一般国民）には「責務」が求められています。国が率先して環境に良い製品を購入すれば、自治体や国民もそれに従ってくれるであろうという期待が込められてい

販売店も市場

株式も市場

るのですが、義務づけられているのは国だけです。『グリーン購入法』では民間の「市場が決める」力が働かないのです。

同じように電子ゴミ（E-waste）の拡散を防ぐ「中古品の輸出規制」もＯＥＣＤの基本理念でもある自由貿易の前には無力です。麻薬などの公序良俗に反する物以外の輸出入は、基本的に自由なのです。有害廃棄物の輸出入はバーゼル条約で禁止されていますが、リユースを目的とした中古製品は対象外です。そもそもアメリカは現時点でもこの条約を批准していません。

今、ようやく脚光を浴び、その効果が少し出てきた仕組みが「省エネトップランナー方式」です。これは、毎年製造される指定製品の省エネルギー基準を、基準設定時の製品のうち「最も省エネ性能が優れている機器（トップランナー）」の性能以上に設定する制度で、省エネ基準の達成度合いを省エネラベルで表示することになっています。省エネトップランナー方式は、１９９９年に日本が世界に先駆けて採用した競争促進のルールです。これは、省エネ性能の良くない製品の製造販売を規制するのではなく、省エネ性能の優れた製品をラベルで示し、購入促進を促す制度です。

「省エネトップランナー方式は、海外の粗悪品の流入を増やすだけの悪法である」という批判もありました。しかし、今では日本のエコポイント制度（グリーン家電普及促進事業）、低公害車（エコカー）等購入助成制度をはじめとして、当初はこの制度に冷ややかであった欧米でも省エネ製品の販売を国が促進するような政策がとられるようになりました。

ただし、省エネトップランナー方式は、使用段階の「省エネ」だけが対象です。本当の環境配慮には、「省エネ」だけではなく、たくさんの評価項目があります。省エネは結果的に「電気代」「ガソリン代」が安くなるので、消費者にメリットがわかりやすいのですが、本当は多くの環境評価項目を網羅した「環境の見える化」による市場の評価が必要です。

「環境に悪い製品を禁止」するのではなく、「環境に良い製品の普及を促進する市場のメリット」を見つけることが、環境政策では重要なのです。残念ながら、先進国でも途上国でも市場のメリットは「お金」しかないのです。見えないお金（税金）でうまく誘導することが、環境製品を市場に決めてもらう一番簡単で早い方法です。「結局お金ですか！」と環境派の人々は顔をしかめるかも知れませんが、見えないお金（税金）はもともと皆さんのお金なのです。

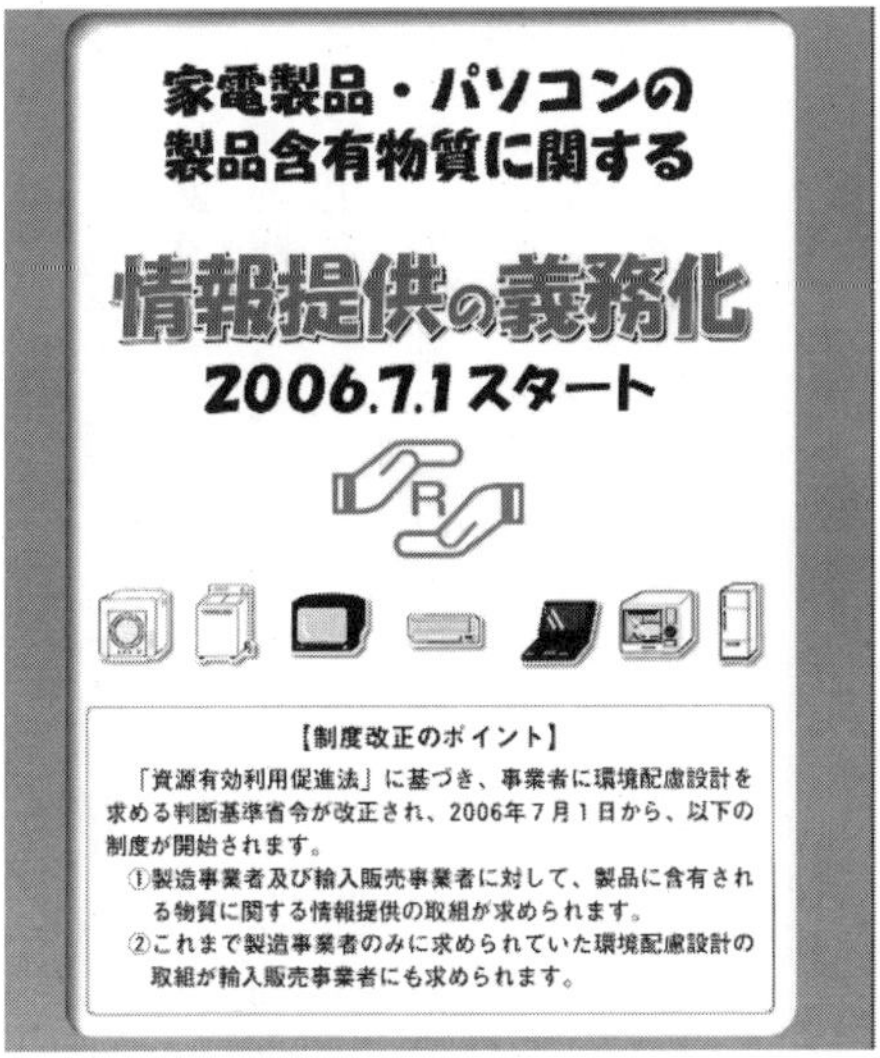

情報提供義務化のポスター（経済産業省）

弱い部分を補強するよりは、強いところをますます強くすることが、競争の鉄則です。

保護は心地良く、規制は苦いものです。当事者の身になれば気楽なことは言えないのですが、保護を受けていると、いつの間にか世界から取り残されます。産業界はいつも他社との競争です。筆者も企業に在籍していた時は、ライバルが存在しない1社独占の産業ならどんなに楽なことだろうと羨ましく思いました。しかし、そんな独占産業は存在しても進歩はありません。

店頭で購入される製品とは異なり、防衛機器や宇宙機器などの技術的に特殊な製品の場合では、受注するまでのプロポーザル（提案書）段階で熾烈な競争があります。伝統的な重電機器でも海外の老舗や最近では新興国との価格や納期の競争があります。そして受注後もコストと納期との戦いが続きます。「人手が足りない」『コストが厳しい』『納期が短い」はどの分野にも共通の悩みですが、いつもぎりぎりの競争の中から良い製品と良い技術者が育ってきたのです。

過当な競争は企業を疲弊させて最終的には製品やサービスの質を悪くし、消費者に返ってくる危険もあります。何処までが正当で何処までが過当かの判断基準は難しいものがあります。企業にとって正当な競争の最大の前提は情報公開でしょう。

一般消費者向けで最も簡単でわかりやすい情報公開が「マーク」です。各国で「エコマーク」が普及しています。省エネ達成度合いを示す「省エネマーク」も各国でいろいろの種類が普及しています。日本には特定の化学物質の含有有無を示す「J-Moss(the marking of presence of the specific chemical substances for electrical and electronic equipment)」マークもあります。**31項**の「環境指標」でも述べましたが、省エネ@マーク（アットマーク）はそれこそあっという間にほとんどすべての製品に基準を達成した緑色の@マークがつき、競争の意味がなくなってしまいました。全員がつけるマークはもはや競争にはならないのです。

さてこのマークですが、はたして信用できるのでしょうか。日本が「J-Moss」マーク制度を新設する時、アメリカから「偽表示された場合の対応は」という質問が来ました。アメリカに限らず、すべての規制は違反者が存在することを前提にした「性悪説」で成り立っているのです。

欧州のＥＵフラワーエコマークも日本のエコマークも取得するのにお金がかかります。当然偽マークが出る可能性もあります。これらを防ぐには、公的機関の「無作為抜打ち検査」と「違反者の公表と罰則」しかありません。

競争を促す日本の省エネマーク

市場が違反企業に対して厳しい対応をすることが重要です。企業の不祥事が報道され、トップが謝罪し、「リコール」が行われます。しかし、日本では「人の噂も７５日」でしばらくすると水に流して忘れてしまうのです。意図的に嘘をついて「公正な競争」をしなかった企業には立ち直れないほどの打撃を市場が下さねばならないのです。

このことは「失敗を許さない」こととは根本的に異なります。**3項**で紹介した「ネガティブ情報の公開」をして、「失敗の是正」を実行する企業は逆に大いに評価すべきなのです。この区別ができることが高度の市場を持つ国と言えるのです。市場が国民のレベルを示しているとも言えるでしょう。最近は競争を促進させることから、「保護と温存」に戻っている気がします。厳しい市場競争が行われることが環境を良くします。皆が楽をしようという社会では、活力もなくなり進歩は望めないのです。

政策はＬＣＡで決める

政策は、政治家が決め、行政が実行するのですが、特に環境分野では「トレードオフ」と「優先順位」の決定が重要です。

環境分野には様々の評価指標がありますが、国際標準化機構（ＩＳＯ）や日本工業規格（ＪＩＳ）で規定され、世界で広く使われるようになった環境評価指標の算出手法がライフサイクルアセスメント（ＬＣＡ）です。**30項**でも述べましたので重複するかもしれませんが、ＬＣＡでは評価対象を素材調達段階から廃棄処理段階まで、地球温暖化、オゾン層破壊、人間毒性、生態毒性、酸性化、富栄養化、光化学オキシダント、土地利用、鉱物・化石燃料の枯渇など１０項目以上について定量的に計算し、これらを重みづけして統合評価します。評価項目の重みづけは、国、地域、時代、所属組織、個人の価値観によって異なりますから、統合評価の段階で意見が分かれるのが普通です。そのため、最近では統合評価をやめて個別の評価項目だけを示すＬＣＡが広まってきました。中国ではＬＣＡを「生命周期分析」と訳しています。日本語訳がなくて残念ですが、哲学や科学を見事な日本語に訳した明治時代の先達ならＬＣＡを何と訳したでしょうか。

ＬＣＡの歴史は古いのですが、１９６９年にＬＣＡが恣意的であるとして世界の信用を失った理由は、自己に都合の良い部分だけを取りあげて宣伝したからでした。現在のＬＣＡは実施範囲を明確に宣言し公開すること、実施内容に第三者認証（クリティカルレビュー）を得ることで信用を担保していると言えるでしょう。

情報公開と第三者認証を前提にするＬＣＡは、企業だけでなく行政にこそふさわしい評価手法なのです。企業の製品ＬＣＡが自社製品の環境負荷を示す部分最適の指標であるのに対して、社会システムを立案し構築する行政には、部分最適ではなくシステムの全体最適が求められるのです。当然ながら部分最適とは対立する場面も出てきます。この時、有効な手法がＬＣＡなのです。

２００１年から行政機関に対して「政策評価制度」が導入されています。これは新たな施策を実施する時に、事前と事後に自己評価をする制度です。毎年多くの政策評価報告書が各省庁から公開されています。最近は予算要求の妥当性を事前評価によって補強する意味が強いようです。どれも実績データによる客観的な記述がされており、立派な内容なのですが、残念ながらＬＣＡを使った評価事例は見当たりません。

特に環境関連の施策については、費用対効果の判断をライフサイクル的な思考で評価する必要があります。部分的に有識者のコメントを得ている事例もありますが、完全に評価を第三者に委託する方法もあります。２００７年の欧州電気電子機器の廃棄に関する指令（ＷＥＥＥ指令）の見直しに当たっては、ＥＵ委員会が欧州国際連合大学を中心とするシンクタンクに評価

ウイーン郊外のゴミ焼却場と収集車
（フリーデンスブリュケ駅に降り立つと出入りする収集車から微かに臭気が漂う）

を委託しています。自画自賛の評価にならないためにはＬＣＡを使用した科学的な評価が必要です。

大規模工場、バイオマス施設など、住民への影響が大きい施設をどのように配置することが地域の環境負荷の低減になるかをＬＣＡで評価する試みも研究としては行われたのですが、適用はされていません。バイオ燃料の利用、水素社会、原子力発電、高速道路、ダム建設など社会システムの設計もＬＣＡで全体最適化の評価をすることが望ましいのですが、なかなか実施されません。

自治体レベルの施策でも、ゴミ焼却場などのいわゆる迷惑施設を建設する場合、いくら社会の利益を強調され、この場所が最適なのですと言われても、「総論として賛成。しかし私の近所には造らないで欲しい［NIMBY（Not In My Back Yard)］」は世界共通の悩みです。

迷惑施設の建設には、通常、大規模なインセンティブが付帯されます。多くの項目を統合評価できるLCAが、賛否の判断材料に使用されることが望ましいと思います。そのためには行政がLCAを使いこなし、第三者機関のレビューを受けることで信頼性が担保されるのです。社会システムに関わることの難しさはあるのですが、情報公開と第三者認証を前提にしたLCAは公平な評価と判断のツールになるはずなのです。

レアメタルの重要性がようやく認識されるようになりました。「資源枯渇の恐怖」と、「資源拡散のもったいない」が関心を高めています。しかし、レアメタルを使用しているIT機器や電池の回収リサイクルはなかなか進展しません。なぜ法律を早く作って回収を義務づけないのか、都市鉱山を活用する仕組みをなぜ作らないのか、と歯がゆく思われる人々が増えています。小型家電製品やIT機器からレアメタルを回収する実証実験は、有識者をリーダーとして行われていますが、政策として実行するには既存法令の壁、そして市場の壁があり、実際のビジネスとしてはなかなか成り立たないのです。公的資金を投入する場合は、政策の優先順位の壁もあります。今日のことを優先し、明日、明後日のことは後回しになります。判断の基準が明確ではないからです。

廃棄物処理に関して、欧州で環境重量と呼ばれる新しいLCAの活用事例が提案されています。ここでは製品の製造プロセスは問題にしません。廃棄物処理では製品の製造プロセスではなく、廃棄物の素材の種類と重量が環境負荷に影響しているからなのです。

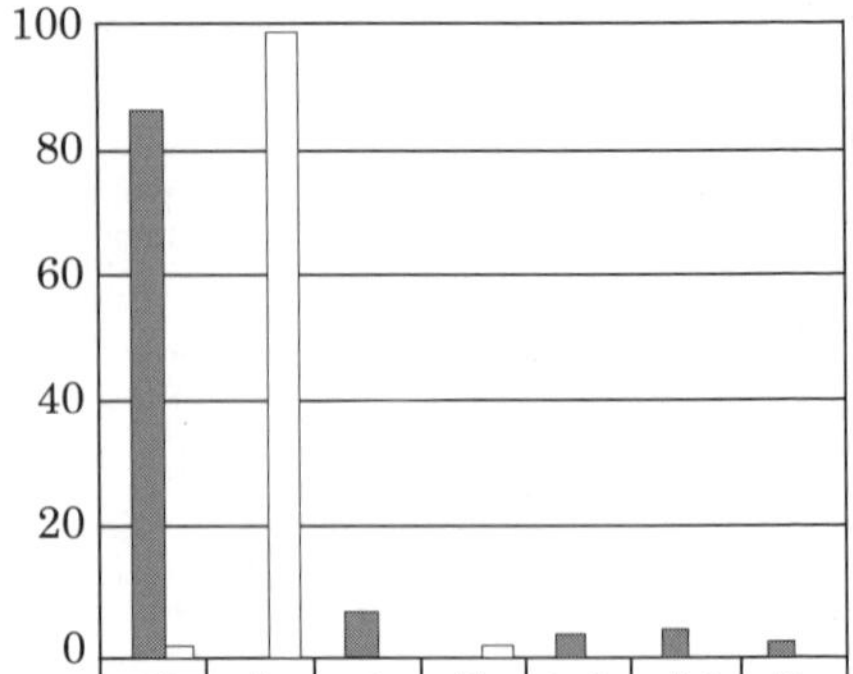

	ガラス	水銀	アルミ	鉛	セラミック	プラスチック	その他
■物理重量	85	―	6	―	3	4	2
□環境重量	1	98	―	1	―	―	―

蛍光灯の物理重量と環境重量

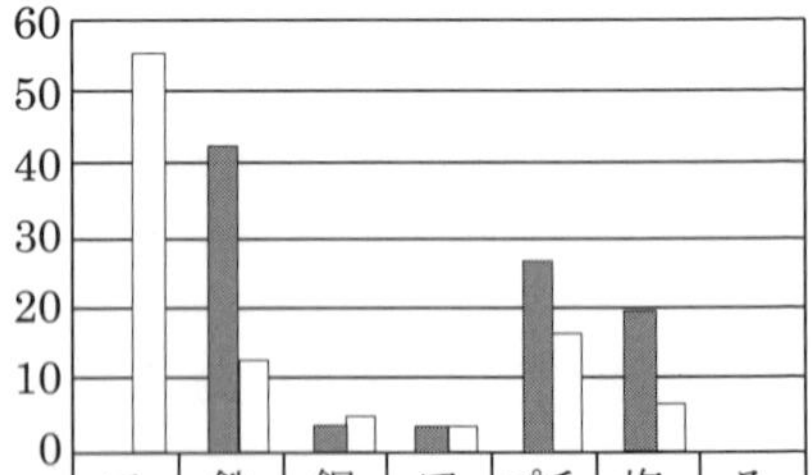

	フロン	鉄	銅	アルミ	プラスチック	塩ビ	その他
■物理重量	―	42	3	3	26	19	―
□環境重量	55	12	4	3	16	6	―

冷凍機器の物理重量と環境重量
（上・下図とも欧州国際連合大学資料を改編）

評価は使用されている素材の物理的重量ではなく、その素材の環境負荷を対象にします。環境重量は製造プロセスが企業から公開されない製品であっても、その素材構成を分析すれば研究機関や大学が環境負荷を算出して、廃棄物対象品目の優先順位や処理方法の開発目標を示すことができるのです。

物理的な重量が微量とはいえ水銀が使用されている蛍光灯では、水銀の環境重量が大きく示されることになります。これは水銀の処理が課題であることを提起しています。もちろん使用段階では白熱電球の環境負荷が圧倒的に大きいので、照明を蛍光灯に変えることは低炭素社会実現にとっては全体としては最適なのですが、大量に排出される蛍光灯の廃棄段階の処理方法も、環境政策として重要であることを指摘しています。

日本では、パソコンや液晶テレビのバックライトにＬＥＤ照明を使用した製品が既に出現していますが、これらの廃棄段階の環境負荷は、バックライトに蛍光灯を使用した製品よりも明らかに低くなります。今後は家庭用のＬＥＤ照明が一層普及するでしょう。当然ＬＥＤの廃棄処理技術の開発も必要になるのですが。

ＩＴ機器では微量の貴金属の環境負荷が大きくなります。急速に普及しているエコカーも、燃費だけの評価ではなく、電池やモーターに使用されるレアメタルを環境重量で表現することにより、廃棄処理技術や回収技術の開発が促進されるでしょう。このようにＬＣＡを活用した環境重量によって研究開発を含む政策の優先順位をつけることができるのです。

ＬＣＡの評価項目を見れば、環境問題の多様さが理解できます。ここで紹介した欧州の環境重量の考え方は、廃棄物行政の判断基準と開発目標を示すのに最適な応用事例です。現在のＬＣＡはＣＯ２排出量の評価だけになってしまった感もありますが、決してＣＯ２削減だけが環境の課題ではありません。本来の視点を忘れずに、環境行政でＬＣＡがもっと活用されることを期待します。

あとがき

34項に「十年ひと昔」を書きましたが、本書では「三年ひと昔」です。そこで3年前を振り返りますと、冷たい石の上でも3年座りつづけていれば暖かくなってくるはずなのですが、環境問題は3年経ってもほとんど変化がないと言えるのではないでしょうか。それが環境問題の特徴なのか。日本が変化を好まないからなのか。歳を取って筆者の気が短くなったのか。皆さんはどのようにお感じになられたでしょうか。

「はじめに」では、「環境は科学とは言えない部分があります」と書きました。同じデータなのに、なぜ異なる解釈が存在するのでしょうか。つい最近の事件をなぜ簡単に忘れてしまうのでしょうか。

本書は学術書ではありませんので、巻末に参考文献や引用文献のリストは掲げません。しかし、個々の原稿の内容についてはできる限り伝聞ではなく原典を確認するようにしました。それでも誤解や見落としがあるかもしれません。

民間企業を離れて一番困ったことは、原稿の査読を受けられなくなったことです。学会への投稿文などは査読結果が届きますが、それ以外は自分の目だけが頼りです。後で誤記や重複に気づき、汗顔の思いをしています。そのことを嘆いたら、尊敬する安井至先生（国際連合大学名誉副学長）から「大学で書く文章はすべて自己責任なのです」と言われ、いつも膨大な文章をＷｅｂや著書で公開される先生を改めて尊敬し直しました。

塩ビ工業・環境協会へのメルマガ原稿は、掲載される１週間前に誤記などを指摘した査読メールが届きます。事務局長の東幸次さんには本当に感謝しています。そして会社時代の先輩で三菱電機（株）を退職後、中央大学大学院教授を勤められた松村恒男先生と、技報堂出版（株）取締役編集部長の小巻愼さんには、出版物として再度念入りな

査読をしていただきました。特記して感謝いたします。

最後に筆者がいつも見ているＷｅｂを紹介します。

安井至　『市民のための環境学ガイド』　http://www.yasuienv.net/

中西準子　『中西準子のホームページ』　http://homepage3.nifty.com/junko-nakanishi/

塩ビ工業・環境協会（ＶＥＣ）トップページ　http://www.vec.gr.jp/

４０年以上愛し続けてきたモーツアルトを聴きながら本書の締めくくりとします。

上野　潔

本書で使用した専門用語について

1　**環境適合設計**はＪＩＳ用語ですが、環境配慮設計、環境保全設計、エコデザインとも言われます。
　英語では、ＤｆＥ (Design for Environment) のほかに、ＥＣＤ (Eco Conscious Design) が使われることもあります。

2　**易分解性設計**は、分解容易設計とも言われます。英語ではＤｆＤ (Design for Disassembl)。

3　**ＭＲ制度**は製造工程で発生した不具合部分を適正に修理して使用する制度です。不具合の程度に応じて第三者の専門家や客先が判定に加わります。高度技術を使用し、廃却すると経済的にも工程的にも影響が大きい製品に適用されます。

4　**ライフサイクルアセスメント**はＪＩＳ、ＩＳＯ用語ですが、ライフサイクルアナリシスとも呼ばれていました。英語ではＬＣＡ (Life Cycle Assessment)。学界では今でも Life Cycle Analysis を使用する人もいます。

5　**ライフサイクル思考**ＬＣＴ (Life Cycle Thinking) は、ＬＣＡを発展させた考え方です。

6　**ＥｕＰ** (A framework for Eco-design of Energy Using Products) は２００５年７月２２日に公示された『エネルギー使用製品に対する環境配慮設計要求事項設定のための枠組みを構築する指令』で『エコデザイン指令』とも言われます。

２０１０年以降、適用範囲を広めてＥｒＰ指令 (Eco-design requirements for energy related Products) に改正されています。

7 EUの法令

ＥＵの法令には以下の順位があります。

規制 (Regulation)　すべての加盟国に直接適用され、国内法と同じ拘束力を有します。

指令 (Directive)　新しい国内法の制定、現行の国内法の改正、廃止の手続き後に拘束力が発揮されます。Official journal(官報) 掲載後3年以内に対応する必要があります。

決定 (Decision)　対象範囲を特定 (加盟国、企業、個人など) して、具体的な行為の実施あるいは廃止などを直接的に拘束します。

勧告 (Recommendation)　加盟国、企業、個人などに一定の行為の実施を期待することを欧州委員会が表明するもので、拘束力はありません。

見解 (Opinion)　特定のテーマについて欧州委員会の意思を表明したもので、拘束力はありません。

本文中に出てくる欧州のＲＥＡＣＨは規則、ＲｏＨＳ、ＷＥＥＥ、ＥｕＰ(ＥｒＰ) は指令です。

8 **余寿命** (Remaining life, Life time) は残存寿命の意味で、余寿命予測、余寿命診断などの分野で使用されています。予寿命 (Preliminary life) という呼び方もされますが、本書では日本材料科学会で使用されている余寿命を使用しました

【筆者略歴】

上野 潔（うえの きよし）

現職 (独)科学技術振興機構 研究開発戦略センター フェロー
金沢工業大学大学院 高信頼ものづくり専攻 客員教授（兼任）

1970年 早稲田大学大学院理工学研究科修士課程修了
三菱電機（株）入社
人工衛星・宇宙ステーションの設計開発を経て、
1993年 環境推進本部。人事部 技術系 採用配属担当を兼務。
1996年 (財)家電製品協会に出向。
1999年 三菱電機（株）に復職。リビングデジタルメディア事業本部。
2006年 国際連合大学「環境と持続可能な開発」プログラムアドバイザー。
2009年 現職。環境分野の研究開発戦略の立案支援に従事。

東京大学大学院 マテリアル工学科 非常勤講師。
東京農工大学大学院 MOT講座 非常勤講師。
(独)産業技術総合研究所 環境部門 評価委員。
(独)新エネルギー・産業技術総合開発機構 技術委員、採択委員。
産業構造審議会臨時委員、中央環境審議会専門員等を歴任。

主な著書（すべて共著、分担執筆）

『インバース・マニュファクチャリング』　梅田靖編著　工業調査会　1998年7月
『家電リサイクリング』　永田勝也監修　工業調査会　1999年5月
『家電製品のリサイクル100の知識』　永田勝也監修　東京書籍　2001年4月
『リサイクルの百科事典』　安井至編　丸善　2002年2月
『循環型社会を創る』　エントロピー学会編　藤原書店　2003年2月
『インバースマニュファクチャリングハンドブック』　木村文彦編　丸善　2004年2月
『ゴミゼロ社会への挑戦』　総合科学技術会議編　日経BP社　2004年9月
『環境問題―生活から地球まで』　東京理科大学　出版シリーズNo26　2007年11月
『資源循環型社会のリスクとプレミアム』　細田衛士編著　慶應義塾大学出版会　2009年1月

環境技術者の視点
生産者・ユーザーがともに考える40話　　定価はカバーに表示してあります

2010年 9月 15日　1版 1刷発行　　ISBN 978-4-7655-3444-4 C1050

著　者　上　野　潔
発行者　長　滋　彦
発行所　技報堂出版株式会社

日本書籍出版協会会員
自然科学書協会会員
工学書協会会員
土木・建築書協会会員

〒101-0051 東京都千代田区神田神保町1-2-5
電　話　営　業　(03) (5217) 0885
　　　　編　集　(03) (5217) 0881
F A X　(03) (5217) 0886
振替口座　00140-4-10
http://gihodobooks.jp/

Printed in Japan

装幀　冨澤 崇　印刷・製本　三美印刷